珠宝设计

手绘技法基础 到进阶教程

肖雅洁 编著

电子工业出版社·
Publishing House of Electronics Industry
北京·BEIJING

图书在版编目（CIP）数据

珠宝设计手绘技法基础到进阶教程 / 肖雅洁编著. -- 北京：电子工业出版社，2019.7

ISBN 978-7-121-36743-4

Ⅰ.①珠… Ⅱ.①肖… Ⅲ.①宝石－设计－绘画技法－教材 Ⅳ.①TS934.3

中国版本图书馆CIP数据核字(2019)第111765号

责任编辑：田　蕾

印　　刷：天津市银博印刷集团有限公司

装　　订：天津市银博印刷集团有限公司

出版发行：电子工业出版社

　　　　　北京市海淀区万寿路 173 信箱　　　　　邮编：100036

开　　本：787×1092　1/16　　　印张：15.75　　　字数：400.8 千字

版　　次：2019 年 7 月第 1 版

印　　次：2025 年 1 月第 10 次印刷

定　　价：99.00 元

凡所购买电子工业出版社图书有缺损问题，请向购买书店调换。若书店售缺，请与本社发行部联系，联系及邮购电话：(010) 88254888，88258888。

质量投诉请发邮件至 zlts@phei.com.cn，盗版侵权举报请发邮件至 dbqq@phei.com.cn。

本书咨询联系方式：(010) 88254161 ～ 88254167 转 1897。

前 言
Preface

你好，我亲爱的读者们，很高兴在书中与你们相遇。

回想 2014 年，第一次在法国接触到珠宝手绘及珠宝设计，就被那里的速成手绘教学方法打动，即使是零基础的人也能很快上手绘制，与国内专业院校的学生相比毫不逊色，并且绘图表现力更加出色。这么简单易学的绘图方式，确实值得推广。所以历经 1 年多的时间，本书从构思、绘图、写作、整理及编排等方面详细地呈现了我在法留学 3 年所学。

现在，我作为高校教师，在一遍又一遍的教学中，不断总结经验，梳理出我在法国所学的那套快捷的珠宝手绘方法，为珠宝手绘爱好者、设计师们打好基础。让珠宝设计手绘入门变得更简单易学，从而创作出更多的优秀设计。

本书的内容编排更贴近零基础的学员。首先从了解工艺、了解宝石开始，介绍宝石学的相关内容。然后再细致地展示绘图步骤、透视要点，加之设计作品赏析，完整地构成了整个学习流程，并非让人"只知其然，而不知其所以然"。有了前期的铺垫，才能为设计、创作保驾护航。本书最后一章附上了设计师们常用的数据表，如戒指指圈对照表、配石大小对照表等。这些内容也是我在日常设计、教学中的"辅助工具"，随手一翻便可查阅。本书的开本大小也适合随身携带，希望它能用于各种不同的学习环境中。随书附赠部分综合案例表现技法视频及宝石线稿图的下载文件，供读者进一步学习。

另外，设计不仅要掌握绘图技法或者表现手法，还应当重视设计思路与创意。本书是最基础的绘图介绍，所以今后要多看、多学国内外优秀的设计作品，开阔眼界，创作出更振奋人心的设计作品。

最后要对参与本书编著的专家和同仁们表达我的感谢，有了他们的大力支持和贡献，本书才得以最终完成。感谢昆明理工大学城市学院余敏教授、保鑫老师，昆明学院赵琛副教授。同时，最想感谢的是远在法国 BJOP 的老师们（Sylvie Ballivet、Jean-Marc LE Jeune、Nathalie Bercy），他们教会我珠宝手绘这项技能。同时，感谢电子工业出版社的策划编辑王薪茜女士，以及参与本书绘制的冯馨谊、孟凡、李根、李沛隆、王艾清、周梓健。

期待下一本书，共同进步！

肖雅洁 Capucine
2019 年 3 月于昆明

目 录

Contents

金属手绘
效果图技法

○ Chapter

07 珠宝设计与绘制方法

○ Chapter

08 参考

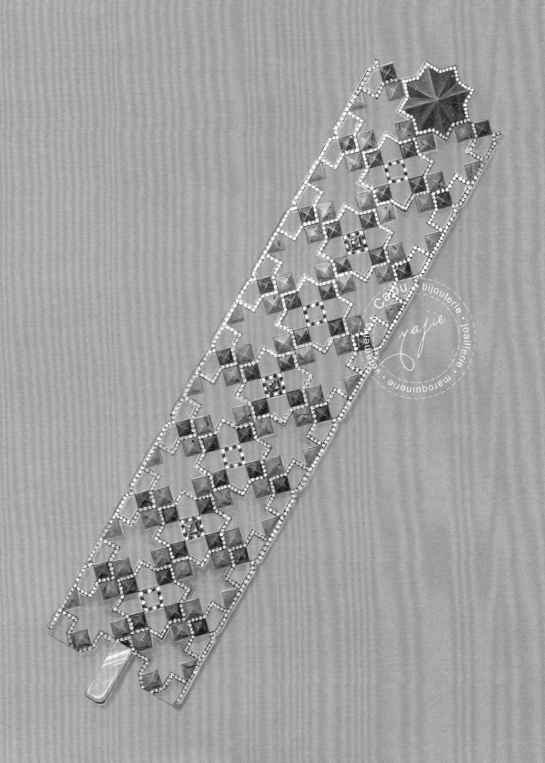

Chapter **01**

珠宝设计和
珠宝手绘

1.1 珠宝设计概述

Capu "旷世" 翡翠戒指、吊坠两用设计
（作者自有品牌）

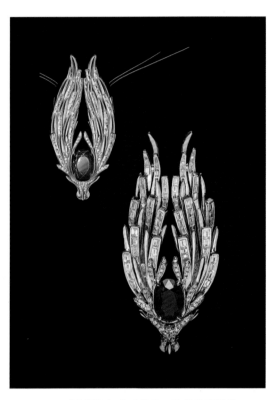

Capu "龙影" 红宝石吊坠、胸针两用设计
（作者自有品牌）

简单地说，珠宝设计就是用贵金属、宝石及其他材料设计并制作成首饰工艺品的全过程。在珠宝这类奢侈品的世界中，尽管都是在用贵金属和宝石做文章，但是因为各国拥有不同的人文特点，所以有着不同的设计理念和梦想，有的风格张扬，有的神采内敛。正是因为这些差异，才让珠宝更加异彩纷呈。随着人们对于珠宝品质和设计水准的要求不断提升，珠宝设计专业如今也成了一个令人瞩目的专业。为了提升设计水平，珠宝设计人才的培养变得十分重要。该专业以美术与艺术素养的训练为基础，同时结合培养珠宝工艺的相关知识与设计能力，使珠宝设计与美术合二为一，进而培养出出色的珠宝设计人才。

随着行业和生产工艺技术的不断发展，珠宝设计已经从高高在上的专业领域逐步向大众普及，设计审美与设计思维相较于专业手工技术变得更加容易让大众掌握。而对于广大设计爱好者来说，设计表现是一项带领其进入设计世界的工具和技能。因此，本书也将用一种由浅入深、从易到难的方式，以零基础为起点，带领读者学习这些实用技法。

1.2 珠宝手绘概述

珠宝手绘是用手绘的方式表达设计理念，其中包含大量的关于宝石琢形、颜色、材质、光学效应，以及贵金属造型、表面肌理、反射光影、工艺表现的绘制。从广义上讲，珠宝手绘不单纯是一种绘画方式，更是建立在珠宝鉴定及加工生产基础上的一种绘图表现技法。随着行业的发展，珠宝手绘从单纯的表现技法向设计技能甚至是营销手段方向延展，其中逐步穿插设计方法及创新方法，并作为商业推广中的重要呈现元素。因此，作为珠宝手绘的学习者，不能只把目光聚焦于"画技"这个狭窄的领域，还应更广泛地将手绘这种表现技法结合到产品的创新和商业推广中去。

Capu "丰收" 翡翠戒指
（作者自有品牌）

Capu "美杜莎" 坦桑石
choke（作者自有品牌）

1.3 珠宝首饰设计流程

对于一件珠宝首饰的诞生,比较重要的是 3 个阶段:设计创意、设计探索和设计执行。

1.3.1 设计创意阶段

每个设计品的诞生都是设计师灵感和理念的提取和锤炼。在设计创意阶段,手绘更多地是以一种发散、外放的草图为主,设计师在此阶段会进行大量的设计素材收集及阅读吸收,通过提取素材及灵感意象,逐步明确设计方案。在这一阶段,手绘的要求是在快速表达作品时高效、准确。因为我们看到的素材及灵感意象多是一些自然元素或艺术素材,所以需要抽取其中的美学及艺术元素。这个阶段的绘制不需要很高的精度,只需要捕捉设计主体。

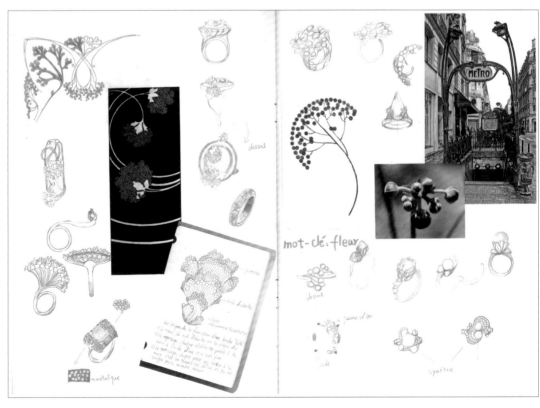

设计创意阶段的手稿

1.3.2 设计探索阶段

在设计探索阶段，设计的主体已经基本确定，设计图的绘制逐步转向工艺造型推敲、细节刻画，以及对比例和透视关系等的准确表达。除了对绘图的质量要求有所提高，最重要的是，此时的手绘图已经是实物生产前的一次全面推演了，对于设计图应该与实物尽量保持同等尺寸（1:1 的比例）。因为珠宝产品大多是用贵金属和宝石进行加工制作的，与实物尺寸一致的设计图，能更方便地在设计阶段对金属用量、配石大小，以及是否能用相应工具加工出要求的细节精度进行预算和评估。另外，在时间和表现能力允许的情况下，这一阶段的设计图应尽可能用三视图，甚至用多角度视图表达，以确定产品的每一个细节。

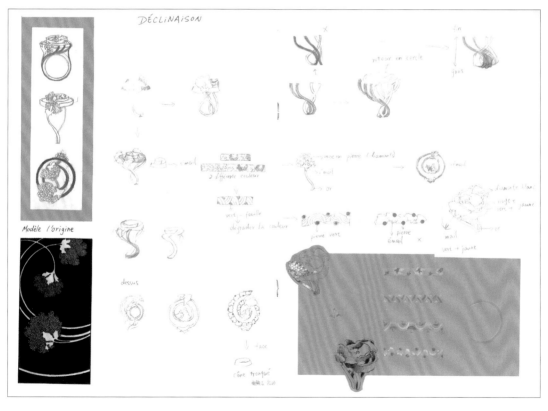

设计探索阶段的手稿

1.3.3　设计执行阶段

设计执行阶段其实已经转至产品的生产制造了，主要是通过金属加工工艺将设计图上的每一个造型和元素表现出来。简单地说，珠宝加工有如下步骤。

① 起版（计算机起版和手工雕蜡）：确定设计图后，开始利用计算机制图软件绘图，完成图纸设计。现在大多数常用款珠宝产品都采用计算机雕蜡版、3D 打印机喷蜡的方式起版，还有一些比较精细或者大量曲线和有机造型的设计作品，只能采用手工雕蜡的方式起版，这就要求工匠的手工艺水平非常精湛，高手可以把它们雕刻得非常灵动。

计算机起版

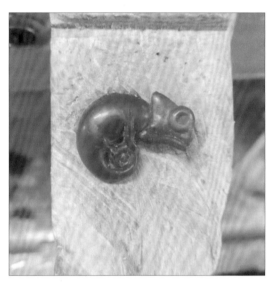

手工雕蜡

② 倒模（铸造）：利用"失蜡浇铸"的方法制作出相应的产品。此处详细讲解"失蜡浇铸"的过程，其实从字面上也不难理解，将蜡模放在石膏中经过高温被熔化，浇灌进的金水占据原来蜡的空间，就形成了相应的金属造型。详细流程如下。

◆ 制作蜡树：将经过 3D 打印或雕刻好的蜡膜逐个焊接到蜡棒上，形成蜡树。这种集中批量铸造的生产方式，有利于降低铸造的成本。

制作蜡树（Dior 耳钉）

铸造：铸件树

执模

镶石

◆ 制作模具：将蜡树放入模具中，倒入石膏浆，真空放置 10 小时左右。待石膏凝固，用蒸汽注入石膏模具中，高温加热将蜡熔化。熔化的蜡液从模具的底部流出，这样蜡的空间就空出来了，形成了具有产品造型的中空状态，铸造模具制作完成。

◆ 铸造：将加热熔化的液态贵金属倒入石膏模具中，填补蜡模原来的空间，待整个模具基本冷却后将其敲碎，取出固化的金属铸件，去除金属表面的石膏残渣，将其放入氢氟酸液体中，并冲洗干净。最后将很多部件熔铸在一起的"铸件树"上的每一个金属产品毛坯剪下来，铸造过程完成。

◆ 执模（打磨）：将剪下来的铸件进行粗加工，主要工作就是修补缺陷、铸件整形、焊接、打字印、粗略打磨铸件表面，为下一道工序做准备。

◆ 镶石：手工筛选设计中安排好大小、颜色、种类的配石，分拣后进行镶嵌，配石尺寸一般在一毫米至数毫米之间，以圆形为主，也有其他琢形的。这一步操作一般是在显微镜下用精细的手法镶嵌到金属主体上的，常用的镶嵌方式有：铲边镶、虎爪镶、抹镶、逼镶、无边镶等。最后，如果设计有主石，就将主石镶嵌到金属底座上，镶石操作完成。

◆ 抛光：抛光及处理表面肌理时，亮光部分用各种形状的旋转抛光头配合抛光蜡对金属表面所有可触及的表面进行抛光，需要达到镜面般的效果；需要特殊肌理的部分用砂纸或者喷砂机进行拉砂或者喷砂工艺处理。

抛光

◆ 电镀：虽然黄金已经有较好的抗腐蚀、抗氧化性能，但为了能更好地保护金属表面免遭外部环境的侵蚀，珠宝产品的金属部分一般都用铑或者铱等高致密金属进行电镀，其镀层质地更坚硬，抗腐蚀性能更好。通过电镀处理还可以使金属表面呈现更多样的色彩。

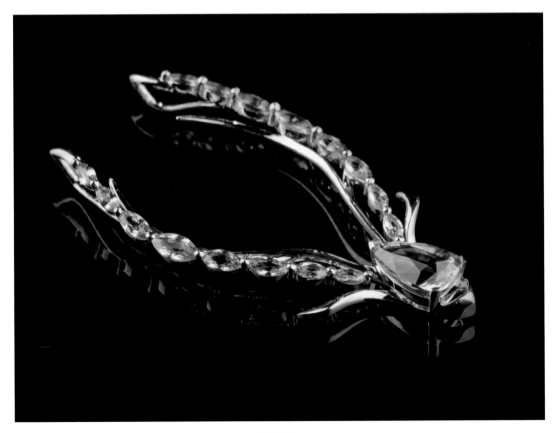

电镀成品

Chapter 02

绘图工具介绍
及使用方法

2.1 绘图铅笔、橡皮

珠宝绘图要求比较细致，所以推荐使用 0.3mm 的自动铅笔绘制正稿，使用 0.5mm 的自动铅笔绘制日常草图的，而 0.7mm 和 0.9mm 的自动铅笔因为相对较粗，所以不推荐使用。

同样，珠宝绘图对橡皮的精细度也有要求，因为在修改细节时需要非常精准。通常需要选用比较纤细的橡皮笔，有两种类型可选，一种是绘制日本漫画用的自动笔式高光橡皮笔，其可以替换橡皮芯，另一种是可削橡皮笔，价格略低，但弊端就是要配削笔刀。

2.2 水粉颜料、水彩笔

珠宝绘图因表现手法不同，可以采用的颜料（工具）很多，例如，水粉、水彩、彩铅（彩色铅笔）、马克笔甚至是 iPad 等。本书演示的方法选用了水粉颜料，因为其颜色鲜亮、表现力强，并且覆盖性强，可以反复地遮盖绘图。此外，推荐用管制的水粉颜料，因为它可以锁住水分保持颜料的纯度。不推荐使用块状水粉颜料，虽然携带方便，但调和时需要加入大量的水，导致颜色纯度不高。

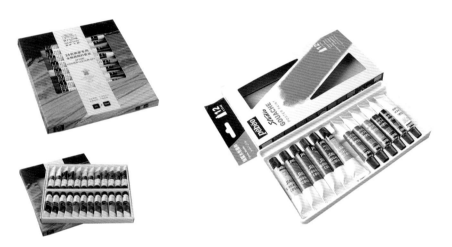

绘图笔应选用圆头、尖头水彩笔，而且要选用 3#、4# 等较细的水彩笔，因为它们便于刻画细节。而笔毛的材质推荐使用貂毛的，其柔软度好、弹性强、吸水性好。

Tips:

水彩笔都会配有塑料笔帽，千万不要将其丢掉。每次用完后套上笔帽，避免笔头损坏或炸毛（分叉），延长其使用寿命。

2.3 绘图纸

纸张的优劣直接体现在最终的画面效果上。蜜丹纸的
吸水性好，内含 50% 的棉花，在反复绘制中不起球、不
起皱，是目前市场上比较好用的绘图纸。可以选购装订好的，
也可以单张购买。纸张颜色推荐灰色系，例如斑灰、绒灰、板灰、烟灰等。
此外，绘制时一定要注意识别蜜丹纸的正反面，其正面较光滑，背面有凹凸纹路（如
本页下图所示）。正式绘图时，通常用 A4 大小的纸张，练习时可自定义尺寸。

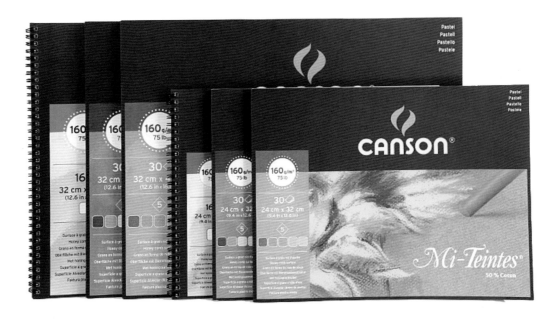

正面

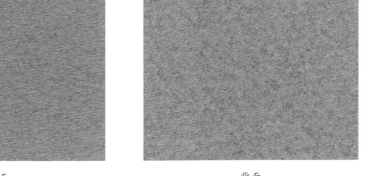

背面

2.4 绘图模板

珠宝专用绘图模板，可以选择美国的 Timely 品牌，其软尺精度比较高。需要选购如下类型：

◆ 两把各式琢形的模板，用于绘制各种琢形的宝石等。

◆ 圆形模板，用于绘制戒指指圈等。

◆ 小椭圆形模板，用于绘制各种蛋面宝石或宝石透视图等。

◆ 大椭圆形模板，用于绘制戒指透视图等。

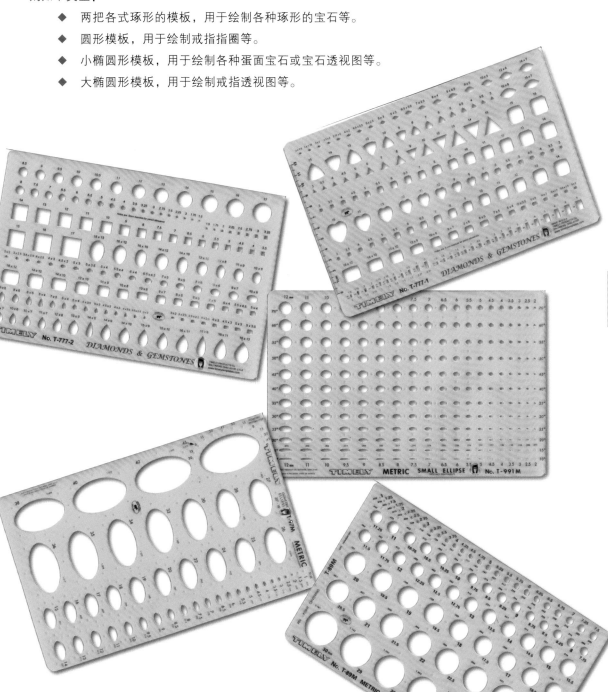

2.5　高光笔

推荐选择 POSCA 品牌的高光笔，尺寸为
0.7mm，其色彩浓郁、覆盖力强、安全无
异味。但需要注意的是，在使用这种笔绘
图时不要按压，因为会导致墨水溢出弄脏
纸面。

还需要购买 Pebeo 水粉颜料——钛白，其
颜色细腻、亮度高，并且此产品为儿童专
用颜料，安全无异味，也可以用水粉颜料
中的白色或者钛白替代。

2.6　其他工具（硫酸纸、调色盘、涮笔筒等）

硫酸纸：用于复写图稿，在珠宝绘图中代
替印蓝纸使用。

调色盘：用于调和颜料的容器。

涮笔筒：顾名思义，洗笔用的容器。

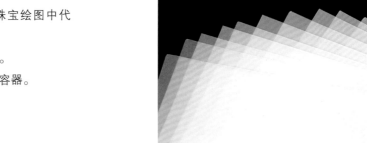

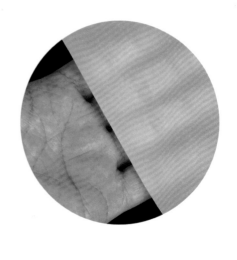

Chapter **03**

色彩表现的
感染力

3.1 色彩的基础知识

色彩作为重要的视觉信息，与人们的生活息息相关。丰富多彩的颜色会刺激人们的视觉，带动人们的情感，陶冶情操。宝石中的色彩是吸引消费者的重要因素，绚丽的颜色更是变幻莫测的视觉享受。

3.1.1 色彩的基本分类

1. 无彩色系

无彩色系指白色、黑色和由白色和黑色调和形成的各种深浅不一的灰色。现实生活中并不存在纯白色与纯黑色的物体。颜料中的纯白色（锌白、钛白）只是接近纯白色，煤黑色也只是接近纯黑色。宝石中白色调的有钻石、珍珠、砗磲等，黑色调的有黑曜石、黑玛瑙、墨翠、黑珍珠等。

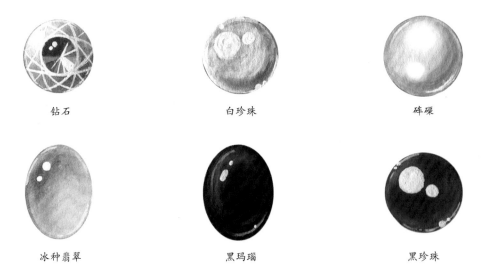

| 钻石 | 白珍珠 | 砗磲 |

| 冰种翡翠 | 黑玛瑙 | 黑珍珠 |

2. 有彩色系

有彩色系指红、橙、黄、绿、青、蓝、紫等颜色，不同明度和纯度的红、橙、黄、绿、青、蓝、紫等色调都属于有彩色系。

| 珊瑚 | 芬达石 | 蜜蜡 |

金绿猫眼

青金石

海蓝宝

紫水晶

3.1.2　色彩的基本特征

有彩色系的颜色具有 3 个基本特征：色相、明度、纯度（饱和度）。在色彩学上也称为色彩的三大要素或色彩的三属性。

1. 色相

色相是有彩色的最大特征，所谓色相是指能够比较确切地表示某种颜色的色别名称，如橘黄、柠檬黄、钴蓝、群青、翠绿等。

2. 明度

明度是指色彩的亮度，任何色彩都有明暗程度，它也是色彩的骨架，只有加入明度变化的色彩才具有视觉冲击力和丰富的层次变化。

3. 纯度（饱和度）

纯度（饱和度）通常是指色彩的鲜艳度，它表示颜色中所含有色成分的比例。含有色成分的比例越高，色彩的纯度就越高；反之，含有色成分的比例越低，纯度就越低。所以单色光是最纯的颜色，当在一种颜色中掺入别的颜色时，其纯度就会发生相应的变化。

3.2 珠宝设计中的色彩运用

色彩作为珠宝设计最引人注目的元素，包含着色彩美学的重要原理，需要设计师在设计时特别关注，通过科学的宝石色彩搭配来提升珠宝首饰设计的美感。

3.2.1 宝石中的色彩

1. 红色

常见的红色调宝石种类有：红宝石、红翡、尖晶石、石榴石、碧玺、珊瑚等。

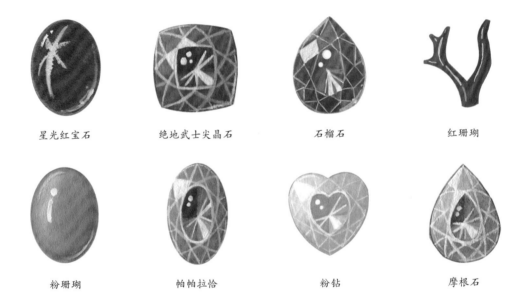

星光红宝石	绝地武士尖晶石	石榴石	红珊瑚
粉珊瑚	帕帕拉恰	粉钻	摩根石

色彩寓意：红色象征热情、性感、威望、健康、积极、自信等，是一个能量充沛的色彩——全然的自我、全然的自信，可以充分地让别人注意到你，但有时候会给人血腥、暴力、忌妒、控制的印象，容易造成心理压力。

2. 黄色

常见的黄色调宝石种类有：黄钻、黄翡、金绿宝石、金色绿柱石、南洋珍珠、黄水晶等。

黄钻	琥珀	火欧泊

| 日光石 | 黄翡 | 金猫眼 | 南洋珍珠 |

色彩寓意：黄色有着太阳般的金色光芒，灿烂而辉煌，象征着照亮黑暗的智慧之光，也象征着财富和权利。黄色是骄傲的色彩，在东方，其代表尊贵和优雅，是帝王的御用颜色。

3. 绿色

常见的绿色调宝石种类有：祖母绿、翡翠、沙弗莱、橄榄石、碧玺、葡萄石等。

色彩寓意：绿色是春天的颜色，有着清新、健康、希望之寓意，也是生命的象征，代表和平、安全、平静、舒适。

4. 蓝色

常见的蓝色调宝石种类有：蓝钻、蓝宝石、坦桑石、海蓝宝石、碧玺、托帕石、绿松石等。

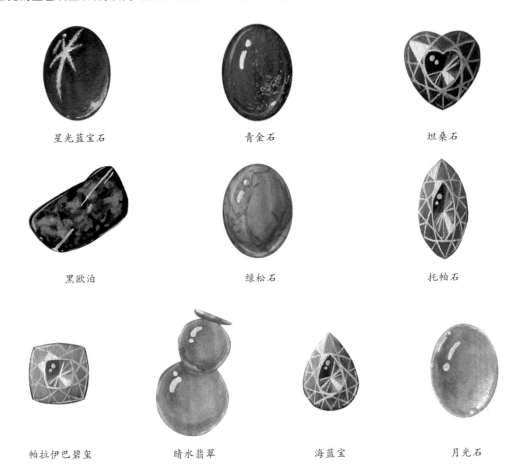

星光蓝宝石　　　　　　　　青金石　　　　　　　　　坦桑石

黑欧泊　　　　　　　　　绿松石　　　　　　　　　托帕石

帕拉伊巴碧玺　　　　晴水翡翠　　　　　海蓝宝　　　　　月光石

色彩寓意：蓝色是蔚蓝大海和天空的颜色，给人宁静、自由、清新、幽深之感，在一些国家是忠诚之象征。深蓝色代表孤傲、忧郁、寡言，浅蓝色代表天真、纯洁。同时蓝色也代表坚定、安宁与和平。

5. 紫色

常见的紫色调宝石种类有：紫翡、紫水晶、石榴石、紫色蓝宝石、紫色尖晶石等。

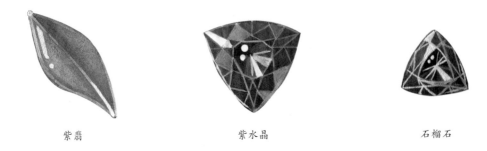

紫翡　　　　　　　　紫水晶　　　　　　　　石榴石

色彩寓意：紫色略微带有距离感，且庄重又华丽，让人充满幻想，有着极强的诱惑力，是神秘、高贵、优雅、冷漠的代表色。它是成熟女性的象征，也代表着非凡的地位，神秘感十足，是西方帝王的服色。

3.2.2 珠宝设计中的色彩搭配

1. 三原色对比

红、黄、蓝三色为三原色，橙、绿、紫三色为三间色。原色与间色的颜色纯度高，对比鲜明，视觉冲击力强。

2. 邻近色相对比

色相环上任意一色的相邻色为邻近色，邻近色的色相差很小，色彩对比微弱，接近于同一色相的搭配，例如，黄色与微绿黄色、黄色与微橙黄色。虽然色彩协调，但配色单调，必须借助明度和纯度的变化或者点缀少量对比色（在色相环上的间隔在30°以内）来增加变化。

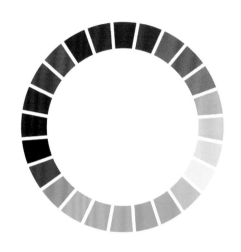

色相环

3. 类似色相对比

24色相环上间隔在30°~60°以内的色组配合，例如黄色与绿味黄色、黄色与黄味绿色。类似色的色相差比邻近色稍大，但仍保持着色彩上的绝对统一，主色调倾向明确，又富有一定的变化，是比较常用的色彩构成方式。如果适当地变化其明度和纯度或点缀少量的对比色，就能得到较为理想的效果。

4. 中差色相对比

24色相环上间隔60°~120°的色彩搭配，例如，黄色与绿色、黄色与绿味青色、黄色与青味绿色、青色与紫色、青色与微红紫色、青色与红味紫色、青色与紫味红色等。中差色构成是富有变化又不失协调的配色，也是比较常用的配色方法。

5. 对比色相对比

24色相环上间隔120°~165°的色组搭配，例如，黄色与红色、黄色与紫味红色、黄色与红味紫色等。对比色构成的色彩对比强烈而醒目，在视觉艺术中具有冲击力，但往往难以取得协调的效果，一般应变化其明度和纯度，或者采用强化主调、调整面积比例的方法来协调色彩的对比关系。

6. 互补色相对比

色相环上间隔180°左右的色彩搭配，例如，黄色与青味紫色、黄色与紫色、黄色与微红紫色等。互补色相构成，色彩对比极为强烈，醒目而突出，在色彩的视觉生理上给人平衡的满足感，另一方面又会产生粗俗、生硬、动荡不安的消极作用。由于对比极端，所以必须综合调整色彩的明度、纯度以及面积比例关系，或者借助无彩色的缓冲、协调等方式达到色调的和谐统一。

7. 明度对比

将不同明度的色彩并置，产生明暗对比效果的视觉效应。明度对比对人视觉的刺激是最强烈的。

04

金属手绘
效果图技法

4.1 金属——黄金、银、铂金、钛合金

4.1.1 黄金

黄金
Gold

元素符号：Au
颜　　色：金黄色、黄色、
　　　　　亮黄色
特　　点：延展性好、不
　　　　　褪色、不易
　　　　　变形

黄金是化学元素金的单质形式，是一种软的、金黄色的、抗腐蚀的贵金属。金是较稀有、较珍贵且极被人看重的金属之一。国际上黄金一般都以盎司为单位，中国古代以"两"作为黄金的单位，是一种非常重要的金属。黄金不仅是用于储备和投资的特殊物品，同时又是首饰业、电子业、现代通信业、航天航空业等的重要材料。

● 18K 金

外文名： Au750

成分： 黄金含量至少达到 75% 的合金

特点： 可加工性强、延展性强、硬度大

K 金的计算方式是将纯黄金分为 24 份，24K 金即足金。18K 金是黄金含量至少达到 75% 的合金，即黄金含量为 18/24 的合金，其余 25% 为其他贵金属，包括铂、镍、银、钯金等。18K 金首饰是一种造价较低而且佩戴较舒适的产品。18K 金有不同的元素组成方式，而且会有不同的金属质感，具体元素配比如下。

18K 黄色 K 金： 75% 黄金 + 镍 + 银 + 锌。

18K 玫瑰 K 金： 75% 黄金 + 铜 + 银 + 锌。

18K 白色 K 金： 75% 黄金 + 银 + 镍 + 铂 + 锌或 75% 黄金 + 钯（呈略带青黄的白色）。

Tips:

白 K 金的颜色为白色(偏米黄色)，因为其颜色通常需要利用表层镀铑来增强，但这种电镀层会被磨损，从而使其显现出白色 K 金固有的暗淡黄色。

● 14K 金（Au585）

成分： 黄金含量至少达到 58.5% 的合金

特点： 熔点低、硬度较高

● 9K 金（Au375）

成分： 黄金含量至少达到 37.5% 的合金

特点： 硬度高、成本较低

● 黄金基础填色表

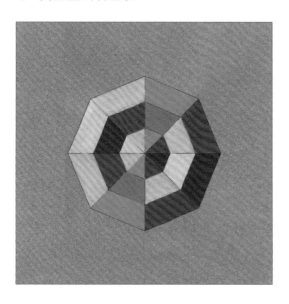 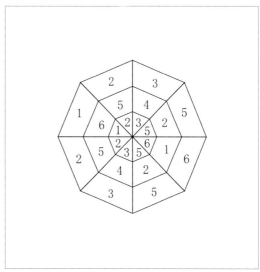

颜色 1 = 柠檬黄色 + 白色

颜色 2 = 柠檬黄色

颜色 3 = 土黄色

颜色 4 = 土黄色 + 土红色（赭石色）

颜色 5 = 土红色（赭石色）

颜色 6 = 熟褐色

Tips：

填色时不要涂到线框外，需要细致、耐心。

4.1.2 银

银
Silver

元素符号：Ag
颜　　色：白色、灰白
　　　　　色、银白色
特　　点：价格便宜、
　　　　　延展性好、
　　　　　易加工

银为过渡金属的一种，古代人们就已知并对其加以利用，虽然价格便宜，但也是一种重要的贵金属。银在自然界中有单质存在，但绝大部分以化合态的形式存在于银矿石中。银的理化性质较为稳定，导热、导电性能很好，质软且富有延展性。其反光率极高，可以达到 99% 以上。

● 银（白金、铂金）基础填色表

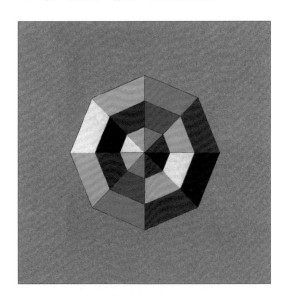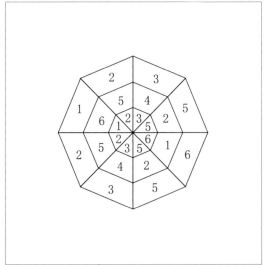

颜色 1 = 白色
颜色 2 = 白色 + 黑色（少量）
颜色 3 = 白色 +25% 黑色
颜色 4 = 50% 白色 +50% 黑色
颜色 5 = 黑色 + 白色（少量）
颜色 6 = 黑色

Tips:

在绘画中，银、白金、铂金的颜色及绘图方式相同。

4.1.3　铂金

铂金
Platinum

元素符号：Pt
颜　　色：白色、银白
　　　　　色
特　　点：密度高、延展
　　　　　性高

铂金是一种天然形成的白色贵重金属，其早在公元前 700 年就在人类文明史上闪出耀眼的光芒，在人类使用铂金的 2000 多年中，它一直被认为是最高贵的金属之一。

在矿物分类中，铂族元素矿物属自然铂亚族，包括铱、铑、钯和铂的自然元素矿物。铂族元素矿物均为等轴晶系，单晶体极少见，偶尔有呈立方体或八面体的细小晶粒产出。

Tips:

黑金一般为经过电镀或者氧化处理的金属，在绘画中，比白金（银、铂金）的颜色要深。

● 金属过渡着色练习 1

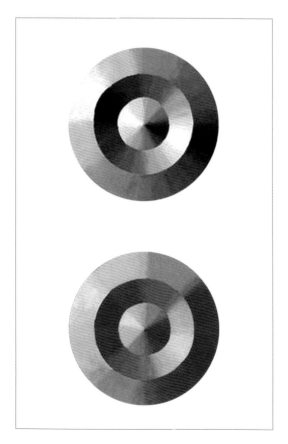

● 金属过渡着色练习 2

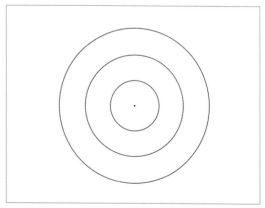

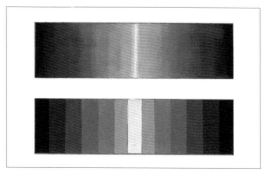

031

4.1.4 钛合金

钛合金
Titanium Alloy

元素符号：Ti
颜　　色：颜色丰富
特　　点：密度低、延
展性好、抗
过敏性强、
硬度高、不
易加工

钛合金强度高、耐腐蚀性好、耐热性高。20 世纪五六十年代，主要是发展航空发动机用的高温钛合金和机体用的结构钛合金。

钛金属的相对密度为 4.5，所以重量较轻。黄金和铂金的相对密度分别为 19.3 和 21.5，这意味着在同等体积下，钛金属的重量仅为传统贵金属的 1/4 左右。

钛金属的着色方式与传统贵金属加入其他金属元素的方式不同，是通过电解工艺来改变其颜色的。将钛置于电解液中通上一定量的电流，其表面便会电解产生一层氧化膜，通过控制氧化膜的厚度便可改变其颜色。通过这种方法着色的钛金属从白色到墨绿色，再从紫色到黑色，颜色应有尽有。

目前钛金属的加工难度非常高，对机械设备也有较高的要求，虽然钛金属的原材料价格并不高，但是钛金属的加工相对困难，导致钛合金总体成本偏高。

Tips:

钛合金示例详见本书金属表面处理工艺部分。

4.2 绘制黄金片状金属

片状金属可以理解为薄片状的平面金属，表面光滑、有厚度，常用于戒指、项链的制作。

4.2.1　黄金凹金属片

凹金属片，光从左上方以45°角射到凹金属片上，亮部偏右，具体绘制步骤如下。

水粉颜料 & 色板

工具：铅笔、灰色蜜丹纸、水粉颜料、水彩笔、白色高光笔

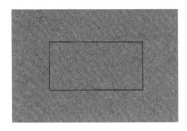

步骤① 用铅笔和模板画出长方形。

步骤② 用土黄色均匀地涂满长方形轮廓。

步骤③ 混合土黄色+柠檬黄色+白色（少量），均匀地涂在长方形偏右的小长方形内，并且在两端各画一条细竖线。

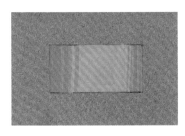

步骤④ 用上一步调和的颜料再加少许白色和柠檬黄色，均匀地涂在比上一步略小的长方形内，并且在两端各画一条细竖线。

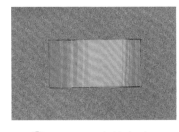

步骤⑤ 采用上一步的方法，画出一个更小的、颜色更浅的长方形，并且在两端各画一条细竖线。

步骤⑥ 用白色加少许水，画出竖线的镜面高光。高光延续到长方形的上边缘（也就是高光射在金属薄片的边棱处）。

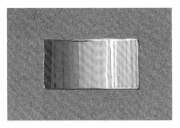

步骤⑦ 调和土黄色+土红色，画出左侧的长方形暗部（因凹形片状金属的缘故，暗部在左侧），并且在两端各画一条细竖线。

步骤⑧ 用黑色加少许水，画出阴影（因凹形片状金属的缘故，阴影效果如上图所示）。

4.2.2 黄金凸金属片

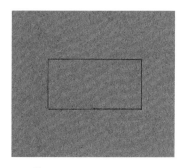

步骤① 用铅笔和模板画出长方形。

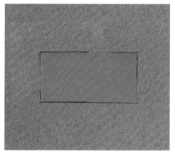

步骤② 用土黄色均匀涂满长方形轮廓。

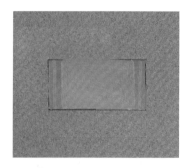

步骤③ 调和土黄色+柠檬黄色+白色（少量），均匀地涂在居中的小长方形内，并且在两端各画一条细竖线。

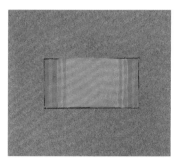

步骤④ 用上一步调好的颜料再加少许白色和柠檬黄色，均匀地涂在比上一步略小的长方形内，并且在两端各画一条细竖线。

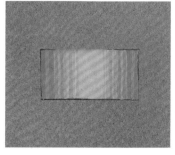

步骤⑤ 采用上一步的方法，画出一个更小的、颜色更浅的长方形。

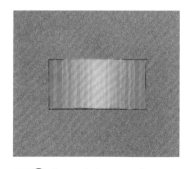

步骤⑥ 在两端各画一条细竖线。

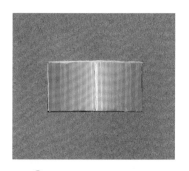

步骤⑦ 用白色加少许水，画出竖线的镜面高光。高光延续到长方形上边缘（也就是高光射在金属薄片的边棱处）。

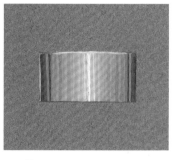

步骤⑧ 调和土黄色+土红色，画出长方形的暗部，其位于长方形的两端，并且在两端各画一条细竖线。

步骤⑨ 用黑色加少许水，画出阴影（因凸形片状金属的缘故，阴影效果如上图所示）。

4.3 绘制白金片状金属

白金(银、铂金)片状金属,也就是薄片状的平面金属,其表面光滑,有厚度,常用于戒指、项链的制作。

4.3.1 白金(银、铂金)凹金属片

水粉颜料 & 色板

白色　　　黑色

工具:铅笔、灰色蜜丹纸、水粉颜料、水彩笔、白色高光笔

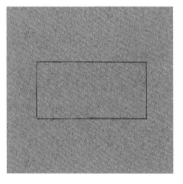

步骤① 用铅笔和模板画出长方形。

步骤② 用黑色加少许水,均匀地涂在长方形轮廓内。

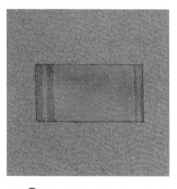

步骤③ 用白色加少许水,均匀地涂在偏右的小长方形内,并且在两端各画一条细竖线。

步骤④ 用上一步调好的颜料再加少许白色,均匀地涂在比上一步所画长方形略小的长方形内,并且在两端各画一条细竖线。

步骤⑤ 采用上一步的方法,画出一个更小的、颜色更白的长方形,并且在两端各画一条细竖线。

步骤❻用白色加少许水,画出竖线的镜面高光。高光延续到长方形上边缘(也就是高光射在金属薄片的边棱处)。

步骤❼用黑色加少许水,画出左侧的长方形暗部(因凹形片状金属的缘故,暗部在左侧),并且在两端各画一条细竖线。

步骤❽用黑色加少许水,画出阴影(因凹形片状金属的缘故,阴影效果如上图所示)。

4.3.2 白金(银、铂金)凸金属片

 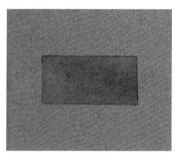 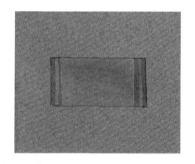

步骤❶用铅笔和模板画出长方形。

步骤❷用黑色加少许水,均匀地涂在长方形轮廓内。

步骤❸用白色加少许水,均匀地涂在居中的小长方形内,并且在两端各画一条细竖线。

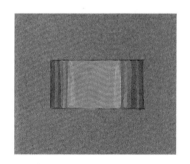  

步骤❹用上一步调好的颜料再加少许白色,均匀地涂在比上一步所画长方形略小的长方形内,并且在两端各画一条细竖线。

步骤❺采用上一步的方法,画出一个更小的、颜色更白的长方形。

步骤❻在两端各画一条细竖线。

步骤⑦ 用白色加少许水，画出竖线的镜面高光。高光延续到长方形上边缘（也就是高光射在金属薄片的边棱处）。

步骤⑧ 用黑色加少许水，画出长方形的暗部，其位于长方形的两端，并且在两端各画一条细竖线。

步骤⑨ 用黑色加少许水，画出阴影（因凸形片状金属的缘故，阴影效果如上图所示）。

4.4 绘制金属表面处理工艺

4.4.1 抛光工艺——黄金抛光

抛光：使用抛光机将首饰表面抛得平滑、光亮。使用抛光工艺可以得到镜面效果，更能展现金属亮丽的金属光泽。经过抛光的首饰，看起来更闪亮。

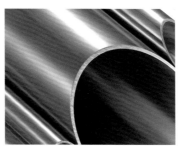

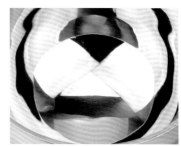

● 黄金抛光工艺绘制

水粉颜料 & 色板

土黄色

柠檬黄色

白色

土红色（褚石色）

黑色

工具：铅笔、灰色蜜丹纸、水粉颜料、水彩笔、白色高光笔

步骤① 用铅笔画出曲面金属轮廓。

步骤② 用土黄色均匀地涂在曲面金属轮廓内。

步骤③ 调和土黄色+土红色，画出右侧的曲面暗部。用微湿的笔晕染，自然过渡，融合周围的颜色。

步骤④ 调和土黄色+柠檬黄色+白色（少量），画出左侧的曲面亮部。用微湿的笔晕染，自然过渡，融合周围的颜色。

步骤⑤ 用上一步调好的颜料再加少许白色和柠檬黄色，提亮曲面左上角的亮部。

步骤⑥ 用POSCA高光笔点出曲面高光。

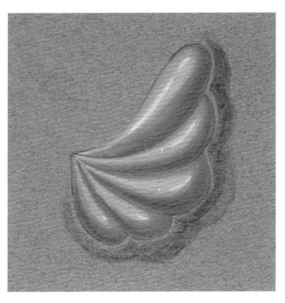

步骤⑦ 用黑色加少许水，画出阴影效果（涂于曲面金属轮廓外的右侧）。

4.4.2 喷砂工艺——黑金喷砂

● 喷砂工艺

喷砂工艺是用高压将细石英砂喷击在暴露的抛光金属表面上，可以得到朦胧、柔和、均匀的磨砂效果，使饰品呈现出细腻的质感，以及柔和的光泽。

不同的粗砂、细砂表面肌理效果

● 黑金喷砂工艺绘制

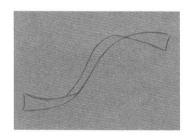

步骤① 用铅笔画出丝带形金属轮廓。

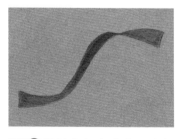

步骤② 用黑色加少许水，均匀地涂在丝带形金属轮廓内。

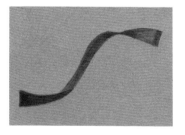

步骤③ 使用黑色画出丝带形金属反转面的暗部。

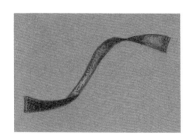

步骤④ 用白色加少许水，把水彩笔蹭尖，自然地点在金属的亮面区域。

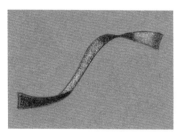

步骤⑤ 使用白色提亮朝向光的亮部。

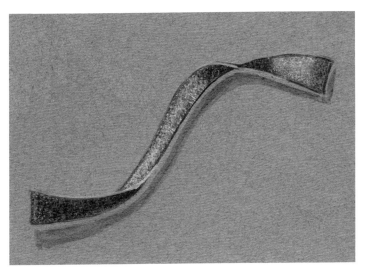

步骤⑥ 用白色画出金属丝带的厚度，其位于金属丝带反转面的交会处。用黑色加少许水，画出阴影（涂于金属外的右侧）。

4.4.3 拉丝工艺——玫瑰金、蓝色钛合金、绿色钛合金、钛合金

● 拉丝工艺

拉丝工艺是指利用金刚砂压在饰品表面并做定向运动，从而形成细微的金属条纹效果。

不同的粗砂、细砂表面肌理

● 玫瑰金拉丝工艺绘制

步骤❶ 用铅笔画出曲面金属轮廓。

步骤❷ 调和土红色+白色，均匀地涂在曲面金属轮廓内。

步骤❸ 用上一步调好的颜料再加少许土红色，画出曲面金属右侧的暗部。

步骤❹ 用熟褐色和土红色，勾画出一丝一丝的暗部拉丝工艺效果。

步骤❺ 用第2步调和的颜料再加少许白色，画出金属左侧的亮部。用微湿的笔晕染，自然过渡，融合周围的颜色。

步骤❻ 用白色加少许水，勾画出一丝一丝的亮部拉丝工艺效果。

步骤❼ 用白色勾画出金属片边缘的高光效果。

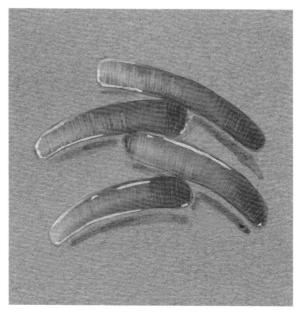

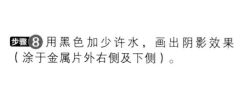

步骤❽ 用黑色加少许水，画出阴影效果（涂于金属片外右侧及下侧）。

● 蓝色钛合金拉丝工艺绘制

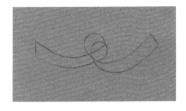  

步骤❶用铅笔画出金属丝带轮廓。

步骤❷用群青色均匀地涂在金属丝带轮廓内。

步骤❸用普蓝色画出金属丝带反转面的暗部。

 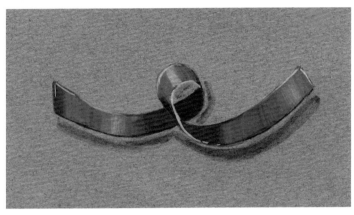

步骤❹调和白色+湖蓝色，用调和后的颜色和群青色、普蓝色勾画出一丝一丝的拉丝工艺。

步骤❺用白色画出金属丝带的厚度效果，位于其反转面交会处和侧棱。用黑色加少许水，画出阴影效果（涂于金属丝带外的右侧及下侧）。

● 绿色钛合金拉丝工艺绘制

步骤❶用铅笔画出金属丝带轮廓。

步骤❷调和淡绿色+橄榄绿色（少量），并均匀地涂在金属丝带轮廓内。

步骤❸用橄榄绿色画出金属丝带反转面的暗部效果。

步骤❹调和白色+淡绿色、柠檬黄色+淡绿色，用调和后的颜色和淡绿色、橄榄绿色，勾画出一丝一丝的拉丝工艺效果。

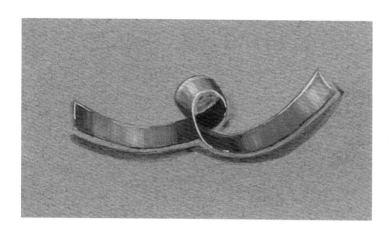

步骤 5 用白色画出金属丝带的厚度效果，位于金属丝带反转面的交会处和侧棱。用黑色加少许水，画出阴影效果（涂于金属丝带外的右侧及下侧）。

● 钛合金拉丝工艺绘制

步骤 1 用铅笔画出金属丝带轮廓。

步骤 2 用玫瑰红色均匀地涂抹金属丝带轮廓。

步骤 3 用深红色画出金属丝带反转面的暗部效果。

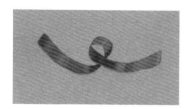

步骤 4 调和白色+玫瑰红色、玫瑰红色+深红色，勾画出一丝一丝的拉丝工艺效果。

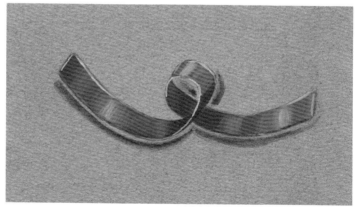

步骤 5 用白色画出金属丝带的厚度效果，位于金属丝带反转面的交会处和侧棱。用黑色加少许水，画出阴影效果（涂于金属丝带外的右侧及下侧）。

4.4.4 电镀工艺

首饰行业的电镀工艺是一种对贵金属首饰进行表面镀层处理的加工方法，如白银饰品的镀金处理、铂金饰品的镀铑处理等。电镀工艺可以保护贵金属首饰的表面色泽度和光亮度，使首饰有更好的外观效果。

...

4.4.5 车花（铣花）工艺

车花是利用不同刀口（花样）的金刚石铣刀切割出各种花纹的一种首饰机械加工工艺。这种工艺常用在 K 金等硬度较高的饰品上。

4.4.6 錾花（刻）工艺

錾花（刻）是用锤子击打形状各异的錾刀，在饰品表面形成凸凹不一、深浅有致、或光或毛的线条和纹样的一种金属变形工艺，它可以用来表现饰品的不同材质和肌理。

4.4.7 珐琅工艺

珐琅工艺是用珐琅釉料在金属表面上绘彩，再经高温烧结成彩色的纹样，使首饰的颜色更加丰富多彩。

车花工艺效果　　　　　法国 BJOP 学校学生的錾花图样　　　　　珐琅工艺

4.5 绘制金属镶嵌工艺

4.5.1 排镶——白金镶嵌钻石

 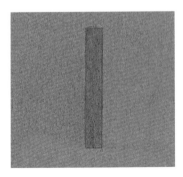 

步骤 1 用铅笔画出排镶的轮廓，以及钻石的透视关系。

步骤 2 用黑色加少许水，均匀地涂在排镶的轮廓内。

步骤 3 用黑色加少许水，画出位于金属右侧的暗面。

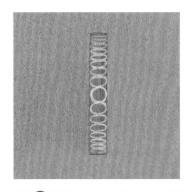  

步骤④ 用白色加少许水，勾画出一颗颗钻石的位置。此处要注意钻石的透视关系。

步骤⑤ 用POSCA高光笔点出钻石的台面高光效果，其位于上一步所勾画的圆环内。注意朝光位置的台面高光大，暗面高光小。

步骤⑥ 用黑色加少许水画出阴影效果。再用黑色签字笔点出位于钻石4个角爪的位置。

4.5.2　群镶——玫瑰金镶嵌钻石

  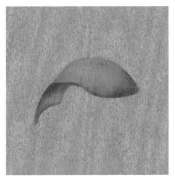

步骤① 用铅笔画出金属薄片的轮廓。

步骤② 调和白色＋土红色（少量），均匀地涂在金属薄片轮廓内。

步骤③ 在底色上加入土红色（赭石色），画出金属暗部。

步骤④ 用白色加少许水，勾画出一颗颗钻石的位置。此处要注意钻石的透视关系。

步骤⑤ 用POSCA高光笔点出钻石的台面高光，其位于上一步所勾画的圆环内。注意朝光位置的台面高光大，暗面高光小。

步骤⑥ 用黑色加少许水画出阴影。再用土红色点出位于钻石与钻石之间的爪的位置。

0

4.6 塑形绘制

4.6.1 银弧状金属丝

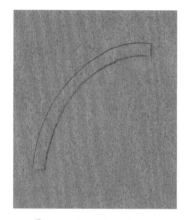

步骤① 用铅笔画出两条平行的弧线，并封口。

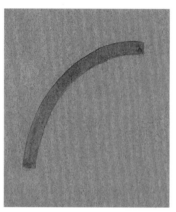

步骤② 用黑色加少许水，均匀地涂在弧形内。

步骤③ 用白色加少许水，画出位于灰底中间的亮面。

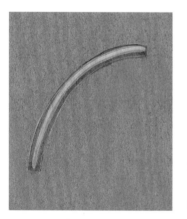

步骤④ 用白色画出一根高光细线，位于上一步的浅白色中间位置。

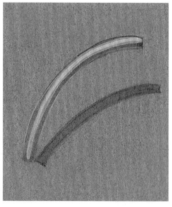

步骤⑤ 用黑色加少许水画出阴影效果（为了表现金属细丝立于纸面之上的效果，所以阴影效果如上图所示）。

4.6.2 波浪黄金丝

步骤① 用铅笔画出两条平行的波浪线，并封口。

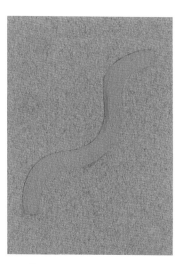

步骤② 用土黄色均匀地涂在波浪线构成的轮廓内。

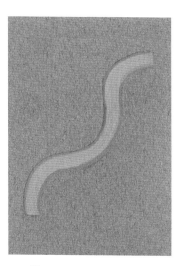

步骤③ 调和土黄色+柠檬黄色+白色（少量），画出位于底色中间的亮面。

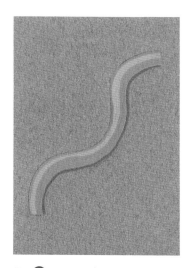

步骤④ 用上一步调好的颜料再加少许白色和柠檬黄色，画出一根细线，位于上一步涂色偏左的位置。

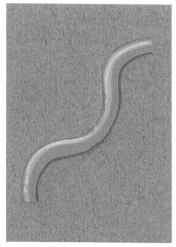

步骤⑤ 用白色画出一根高光细线，位于左上角的波浪黄金丝的边缘处。

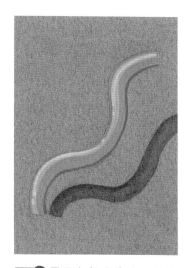

步骤⑥ 用黑色加少许水画出阴影效果（为了表现金属丝立于纸面之上的效果，所以阴影效果如上图所示）。

4.6.3 麻花辫

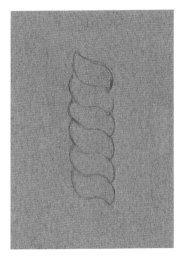

步骤1 用铅笔画出麻花辫的轮廓。

步骤2 调和白色+土红色（少量），均匀地涂在麻花辫的轮廓内。

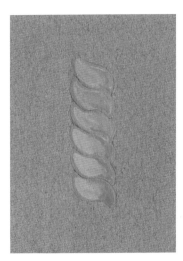

步骤3 用上一步调好的颜料再加少许白色，均匀涂于偏左的略小的麻花辫内。

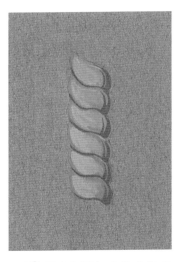

步骤4 用底色再加少许土红色（赭石色），画出靠右的暗部和两节麻花辫相交处的暗部。

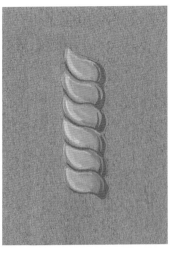

步骤5 用白色加少许水，画出弧形高光，注意高光要按照麻花辫的轮廓变化。

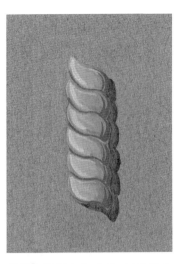

步骤6 用黑色加少许水画出右侧的阴影，形状要与麻花辫外轮廓匹配。

步骤① 用铅笔和模板画出一排圆形。

步骤② 用土黄色均匀地涂在珠串轮廓内。

步骤③ 调和土黄色+柠檬黄色+白色（少量），画出金属球体左上角的亮部。

步骤④ 调和土黄色+土红色，画出金属球体右下角的暗部。

步骤⑤ 用白色画出位于左上角的金属球的高光。

步骤⑥ 用黑色加少许水，画出右侧的阴影，形状要与珠串外轮廓匹配。

4.6.5 链子

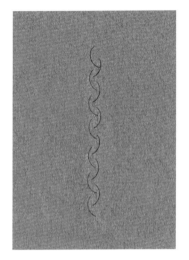

步骤 1 用铅笔画出链子的线稿。

步骤 2 用土黄色描摹线稿。

步骤 3 调和土黄色+柠檬黄色+白色（少量），画出链子右侧的暗部。

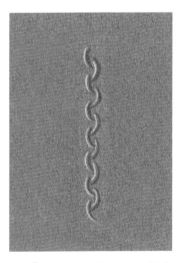

步骤 4 用白色画出链子左侧的亮部。

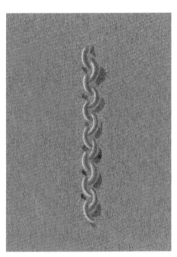

步骤 5 用黑色加少许水画出右侧的阴影，形状与链子的外轮廓匹配。

4.7 金属绘制延展练习

根据之前所有练习的绘图方法，自主理解并临摹以下 5 种常见金属戒指的主视图。

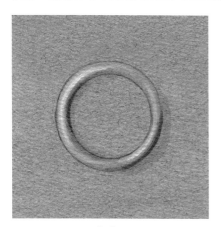

金属环

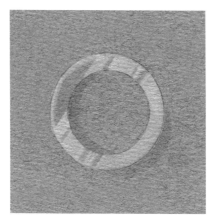

金属平面环

金属凸面环（1）

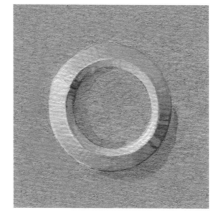

金属凸面环（2）

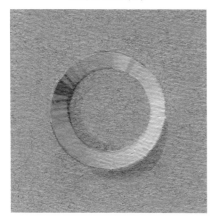

金属内凹环

Chapter **05**

宝石手绘
效果图详解

5.1 绘制不透明宝石

不透明（Opaque）宝石是指将其磨成极薄的片也不透光的宝石，例如，绿松石、青金石、孔雀石等。

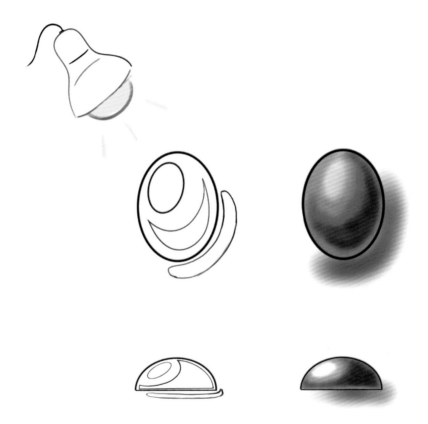

上图为不透明宝石的素描关系分析图。光线从左上角45°方向投射在不透明宝石上，左上角受光面为亮面，右下角背光面为暗面。

除了本节介绍的不透明宝石的画法，读者还可以直接跳到有机宝石章节，查看珊瑚、珍珠、砗磲等不透明宝石的绘图方法。

绿松石
Turquoise

又　　称: 松石
硬　　度: 5~6
折射率: 1.61~1.65
比　　重: 2.31~2.84
颜　　色: 黄绿色、蓝绿色、
　　　　　天蓝色等
分　　布: 伊朗、埃及、美国、
　　　　　中国等
光　　泽: 蜡光泽、油脂光泽、
　　　　　玻璃光泽
透明度: 不透明

常见琢形

异形雕件

弧面形

珠形

Tiffany·Blue Book 系列绿松石项链

绿松石是一种不透明宝石，因其"形似松球，色近松绿"而得名。英文为 Turquoise，意为"土耳其石"，但土耳其并不产绿松石，传说古代波斯产的绿松石是经土耳其运进欧洲的，所以得名"土耳其石"，也称"土耳其玉"或"突厥玉"。在欧洲，绿松石是古老的宝石之一。在古埃及人们就已经开始使用它了，最早是镶嵌在法老的面具与壁画上的。

绿松石是一种铜矿物，因莫氏硬度为 5~6，所以国内常见异形雕件、珠串形文玩、弧面形蛋面等。其缺点是受热易褪色，也容易受强酸腐蚀变色。

如下图所示，绿松石上伴有的褐色网脉称为"铁线"。通常，颜色均一、光泽柔和、无褐色铁线者质量最佳。优质品经抛光后好似上了釉的瓷器，故称为"瓷松石"。

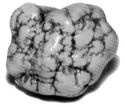

Capu·貔貅，北天然
绿松吊坠
（作者自有品牌）

● **绘图颜色色阶**

因所含元素不同，绿松石的颜色也有差异，氧化物中含铜多时呈蓝色，含铁多时呈绿色。

● 绘制深蓝蛋面绿松石

水粉颜料 & 色板

湖蓝色　白色　柠檬黄色　群青色　土红色（赭石色）　黑色　熟褐色

工具：铅笔、灰色蜜丹纸、水粉颜料、水彩笔、白色高光笔

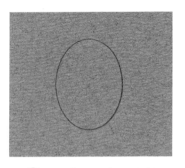

步骤①用铅笔和模板画出椭圆形宝石轮廓。

步骤②用湖蓝色均匀地涂宝石的整个表面。

步骤③用群青色加水，画出暗部（涂于宝石右下角的弧面处）。用微湿的笔晕染，自然过渡，融合周围的颜色。

步骤④调和白色+湖蓝色，画出亮部（涂于宝石左上角的弧面处）。用微湿的笔晕染，自然过渡，融合周围的颜色。

步骤⑤用白色勾画出细线，位于宝石左上角边缘的高光处和右下角边缘的反光处。

步骤⑥用熟褐色和土红色勾画出铁线。铁线形如脉络、树枝。

步骤⑦用POSCA高光笔点出高光。

步骤⑧用黑色加少许水画出阴影效果（涂于宝石外右下角弧面处）。

● 绘制黄绿水滴形蛋面绿松石

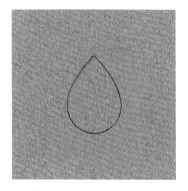

步骤① 用铅笔和模板画出水滴形宝石的轮廓。

步骤② 调和湖蓝色+柠檬黄色+白色，均匀地涂宝石的整个表面。

步骤③ 用群青色加水，画出暗部（涂于宝石右下角弧面处）。用微湿的笔晕染，自然过渡，融合周围的颜色。

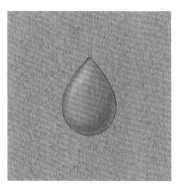

步骤④ 用白色加少许水，画出亮部效果（涂于宝石左上角弧面处）。用微湿的笔晕染，自然过渡，融合周围的颜色。

步骤⑤ 用白色勾画出细线，位于宝石左上角边缘的高光处和右下角边缘的反光处。

步骤⑥ 用POSCA高光笔点出高光。

步骤⑦ 用黑色加少许水，画出阴影效果（涂于宝石外右下角弧面处）。

Tips：

绿松石颜色多样，根据实际情况调色即可，可参见"绘图颜色色阶"。绘制偏蓝的绿松石加湖蓝色或少许群青色，绘制偏绿的绿松石加柠檬黄色。

5.1.2 青金石——椭圆形蛋面

青金石
Lapis lazuli

硬　　度：5~6
折射率：1.5
比　　重：2.5~3.0
颜　　色：青蓝色、蓝紫色、
　　　　　深蓝色
分　　布：阿富汗、俄罗斯、
　　　　　智利等
光　　泽：玻璃光泽、蜡光
　　　　　泽
透明度：不透明

常见琢形

异形雕件

弧面形

珠形

青金石的英文为 Lapis lazuli，来源于拉丁语 lapis（宝石）和 lazuli（蓝色）。青金石早在 6000 年前被发现，公元前 3100 年古埃及图坦卡蒙的面具（上图）、圣甲虫上都镶嵌有青金石。我国则始于西汉时期，当时的名称为"兰赤""金青""点黛"等。自明清以来，因青金石"色相如天"，所以深得帝王青睐。雍正八年之后，四品官的顶戴和朝珠中都有青金石。青金石拥有独特的青蓝色、蓝紫色、深蓝色等，还是"群青色"颜料的主要原料。

青金石是指以青金石矿物为主的岩石，含有少量的黄铁矿、方解石等杂质的隐晶质集合体，含少量其他矿物质——方解石、辉石、云母、蓝方石等，莫氏硬度为 5~6，常见异形雕件、珠串形文玩、弧面形蛋面等。

如果含有少量星点状均匀分布的黄铁矿，这样的青金石为上品（见右图）。青金石在选择上以色泽均匀无裂纹、质地细腻无金星为佳，无白洒金次之。洒金指金星分布均匀，如果黄铁矿含量较少，在表面不出现金星也不影响质量。但是如果金星色泽发黑、发暗，或者方解石含量过多，在表面形成大面积的白斑，则价值会大打折扣。

● 绘图颜色色阶

● 绘制椭圆形蛋面青金石

水粉颜料 & 色板

群青色　　白色　　土黄色　　普蓝色　　黑色

工具：铅笔、灰色蜜丹纸、水粉颜料、水彩笔、白色高光笔

步骤① 用铅笔和模板画出椭圆形宝石轮廓。

步骤② 用群青色均匀地涂宝石的整个表面。

步骤③ 用普蓝色加水画出暗部（涂于宝石右下角弧面处）。用微湿的笔晕染，自然过渡，融合周围的颜色。

步骤④ 用白色加少许水画出亮部（涂于宝石左上角弧面处）。用微湿的笔晕染，自然过渡，融合周围的颜色。此处要注意亮部不宜过多。

步骤⑤ 用白色勾画出细线，位于宝石左上角边缘的高光处和右下角边缘的反光处。

步骤⑥ 将笔蹭尖，用土黄色和土黄色+白色的调和色，自然地点绘在宝石上，右下角可多点一些。

步骤⑦ 用POSCA高光笔点出高光。

步骤⑧ 用黑色加少许水画出阴影（涂于宝石外右下角弧面处）。

Tips:

更多的造型描绘，可参照绿松石部分和塑形练习。

5.1.3　黑玛瑙——椭圆形蛋面

黑玛瑙（缟玛瑙）

Onyx

硬　　度：7
折射率：1.54
比　　重：2.65
颜　　色：黑色
分　　布：巴西、乌拉圭、中国等
光　　泽：玻璃光泽
透明度：不透明、半透明

常见琢形

异形雕件

弧面形

珠形

Van cleef & Arpels（梵克雅宝）L'Arche de Noé 系列·企鹅

黑玛瑙自古以来就是应用广泛的材料，在古代，人们常以"珍珠玛瑙"来形容财富。黑玛瑙象征坚毅、爱心和希望。此外，黑玛瑙还有个别名——"黑力士"，看起来有点像黑曜石，却比较有光泽，常被刻成雕件或者手镯饰品等。

黑玛瑙是自然界中非常常见的一种玛瑙，是一种胶体矿物。在矿物学中，它属于玉髓类，石英家族。黑玛瑙一般呈半透明到不透明状，硬度为7，具有玻璃光泽。其花纹条带的颜色多种多样，有白色、灰色、黄褐色、黑色等。呈黑白相间条带者，就称为"缟玛瑙"，呈红白条带者，就称为"缠丝黑玛瑙"。如果缟玛瑙中的黑条带很宽，即可单独切割加工成黑玛瑙珠子。

Louis Vuitton（路易威登）Monogram 戒指

● 绘图颜色色阶

● 绘制椭圆形蛋面黑玛瑙

水粉颜料 & 色板

黑色　　　　白色

工具：铅笔、灰色蜜丹纸、水粉颜料、水彩笔、白色高光笔

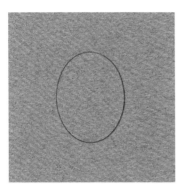

步骤 ❶ 用铅笔和模板画出椭圆形宝石轮廓。

步骤 ❷ 用黑色均匀地涂宝石整个表面。由于黑色是最深的颜色，所以无须再画暗部。

步骤 ❸ 用白色加少许水，画出亮部（涂于宝石左上角弧面处）。用微湿的笔晕染，自然过渡，融合周围的颜色。注意亮部不宜过多。

步骤 ❹ 用白色勾画出细线，位于宝石左上角边缘的高光处和右下角边缘的反光处。

步骤 ❺ 用POSCA高光笔点出高光。

步骤 ❻ 用黑色加少许水，画出阴影（涂于宝石外右下角弧面处）。

Tips：

同黑色玛瑙绘图效果一致的宝石有黑曜石、墨翠、黑珊瑚、赤铁矿、陨石、煤玉以及黑珐琅。

此外，黑玛瑙通常作为配石使用，莫氏硬度为7，可根据设计图雕刻出所需的形状。

5.1.4 塑形绘制——台面绿松石、圆环绿松石、糖包山形绿松石

此塑形练习适用于所有不透明的宝石（青金石、黑玛瑙、珊瑚等）。

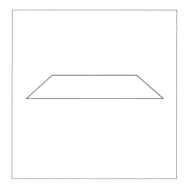

台面侧视图

● 绘制椭圆形台面绿松石

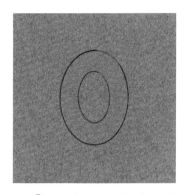

步骤① 用铅笔和模板画出两个同心椭圆形轮廓，内椭圆形占比50%左右。

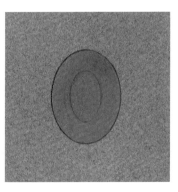

步骤② 用湖蓝色均匀地涂宝石整个表面。外椭圆形是台斜坡，内环是平台。

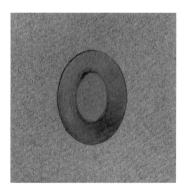

步骤③ 用群青色加少许水，画出外环暗部（涂于外环右下角斜坡处）。用微湿的笔晕染，自然过渡，融合周围的颜色。

步骤④ 调和白色+湖蓝色，画出外环亮部（涂于外环左上角斜坡处）。用微湿的笔晕染，自然过渡，融合周围的颜色。

步骤⑤ 用白色勾画出细线，位于宝石左上角斜坡处、边缘的高光处和右下角边缘的反光处。

步骤⑥ 用POSCA高光笔画出镜面高光。用黑色加少许水画出阴影（涂于宝石外右下角弧面处）。

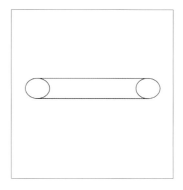

环剖面图

● 绘制圆环绿松石

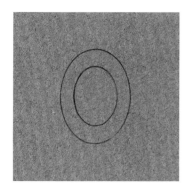

步骤① 用铅笔和模板画出两个同心椭圆形轮廓，内椭圆形占比70%左右。

步骤② 用湖蓝色均匀地涂宝石（圆环）。

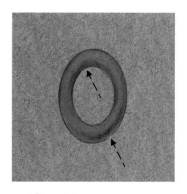

步骤③ 用群青色加少许水画出暗部（如上图所示的箭头位置）。用微湿的笔晕染，自然过渡，融合周围的颜色。

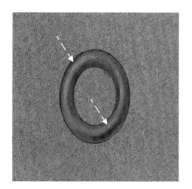

步骤④ 用白色加少许水画出亮部（如上图所示的箭头位置）。用微湿的笔晕染，自然过渡，融合周围的颜色。

步骤⑤ 用白色勾画出细线，位于宝石左上角边缘的高光处和右下角边缘的反光处，并用POSCA高光笔点出高光。

步骤⑥ 用黑色加少许水画出阴影（涂于宝石外右下角弧面处及内环右下角处）。

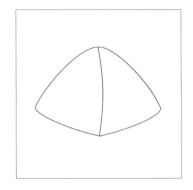

糖包山侧视图

● 绘制糖包山形绿松石

糖包山（Sugar-loaf Cut，也称糖面包山）切割是一种弧面切割
方式，将宝石切割为锥体造型，保留了边缘圆润的轮廓。

步骤① 用铅笔画出糖包山形轮廓。

步骤② 用湖蓝色均匀地涂宝石（糖包山）。

步骤③ 用群青色加少许水画出暗部（如上图所示的箭头位置）。用微湿的笔晕染，自然过渡，融合周围的颜色。

步骤④ 用白色加少许水画出亮部（如上图所示的箭头位置）。用微湿的笔晕染，自然过渡，融合周围的颜色。

步骤⑤ 用白色加少许水勾画出细线，位于宝石棱面边缘的高光处和右下角边缘的反光处。并用POSCA高光笔点出棱面高光。

步骤⑥ 用黑色加少许水画出阴影（涂于宝石外右下角弧面处）。

5.2 绘制透明、半透明宝石

透明（Transparent）宝石是指宝石可充分透过光线，透过宝石可明显地看到对面的物体，例如，钻石、水晶、坦桑石等。

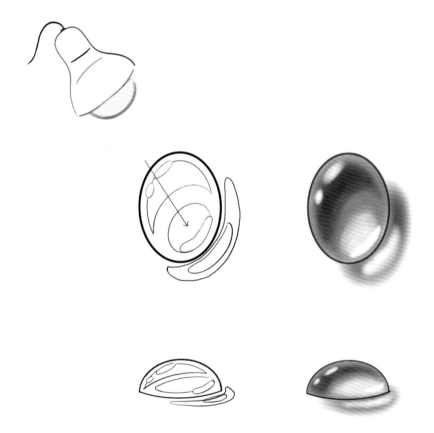

上图为透明宝石的素描关系分析图。光线从左上角 45° 方向投射在透明宝石上，左上角为暗面，光线穿透宝石形成右下角的亮面。除了本节介绍的透明宝石画法，读者还可以直接跳转到光学效应章节，查看星光红蓝宝石、月光石等透明宝石的绘图方法。

5.2.1 翡翠——玻璃种蛋面、老坑种蛋面

翡翠
Jadeite

硬　　度：6.5~7.5

折射率：1.65~1.67

比　　重：3.30~3.36

颜　　色：各色均有

分　　布：缅甸、危地马拉、
　　　　　俄罗斯、日本等

光　　泽：玻璃光泽、油脂
　　　　　光泽

透明度：半透明、不透明
　　　　　（极少数透明）

常见琢形

异形雕件

弧面形

珠形

Capu "旷世" 天然翡翠戒指、吊坠两用首饰（作者自有品牌）

翡翠也称翡翠玉、翠玉、缅甸玉，是玉的一种。翡翠是以硬玉矿物为主的辉石类矿物组成的纤维状集合体，但是翡翠并不等于硬玉。翡翠是在地质作用下形成的达到玉级的石质多晶集合体，主要由硬玉或硬玉及钠质和钠钙质辉石组成。

翡翠名称的来源有几种说法，其中一种说法是来自鸟名，这种鸟的羽毛颜色非常鲜艳，雄性的羽毛呈红色，名翡鸟，雌性羽毛呈绿色，名翠鸟，合称翡翠。所以，行业内有翡为公、翠为母的说法。明朝时期，缅甸玉传入我国后，就被冠以"翡翠"之名。

翡翠的优化处理

翡翠的优化处理方法分不同的级别，具体如下。

A 货：指没有经过任何加工处理的天然翡翠。

B 货：指经过漂白填充处理的翡翠。

C 货：指经过染色处理的翡翠。

B+C 货：指经过漂白、填充、染色的翡翠，既经过酸洗、漂白、灌胶，又经过人工染色，从外观看，无论是颜色还是水头都很漂亮，可作为价廉物美的饰品，但没有收藏价值。

● 绘图颜色色阶

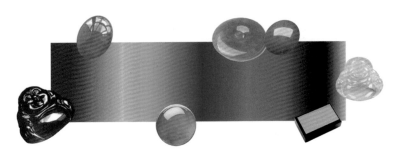

● 绘制玻璃种蛋面翡翠

水粉颜料 & 色板

黑色　　　　　　白色　　　　翠绿色

工具：铅笔、灰色蜜丹纸、水粉颜料、水彩笔、白色高光笔

步骤① 用铅笔和模板画出椭圆形宝石轮廓。

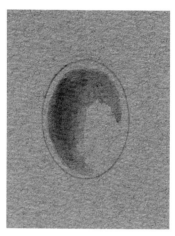

步骤② 用黑色加少许水，涂宝石左上角的弧面。

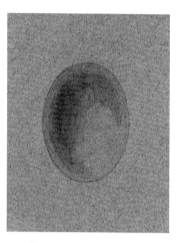

步骤③ 用微湿的笔晕染，自然过渡，融合周围的颜色。

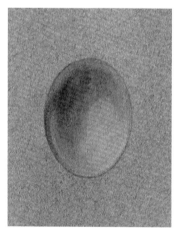

步骤④ 用白色加少许水画出亮部（由于是透明宝石，亮部位于右下角弧面处）。用微湿的笔晕染，自然过渡，融合周围的颜色。

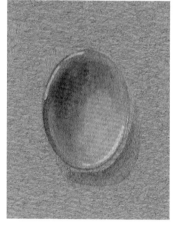

步骤⑤ 用白色加少许水，勾画出细线，位于宝石左上角边缘的高光处和右下角边缘的反光处。

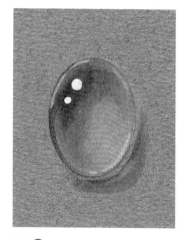

步骤⑥ 用POSCA高光笔点出高光。用黑色加少许水画出阴影（涂于宝石外右下角弧面处）。然后用白色加少许水，涂黑色阴影（因宝石透明，阴影中有宝石本身颜色的反光）。

● 绘制老坑种蛋面翡翠

步骤① 用铅笔和模板画出椭圆形宝石轮廓。

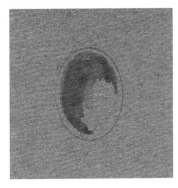

步骤② 用翠绿色加少许水，涂宝石左上角弧面。

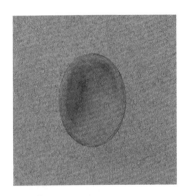

步骤③ 用微湿的笔晕染，自然过渡，融合周围的颜色。

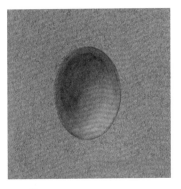

步骤④ 用白色加少许水画出亮部（由于是透明宝石，亮部位于右下角弧面处）。用微湿的笔晕染，自然过渡，融合周围的颜色。

步骤⑤ 用白色加少许水勾画出细线，位于宝石左上角边缘的高光处和右下角边缘的反光处。

步骤⑥ 用POSCA高光笔点出高光。用黑色加少许水画出阴影（涂于宝石外右下角弧面处）。然后用翠绿色加少许水涂于黑色阴影（因宝石透明，阴影中有宝石本身颜色的反光）。

● 其他实例

Tips：

翡翠有老坑种翡翠、冰种翡翠、水种翡翠等十几个常见品种。其他品种可参见本书相关部分的塑形练习。

水沫玉
Spray jade

又　称：钠长石玉
硬　度：6
折射率：1.52~1.54
比　重：2.60~2.8
颜　色：无色、白、黄、红、
　　　　黑、绿
分　布：缅甸、危地马拉、
　　　　美国、中国等
光　泽：玻璃光泽
透明度：半透明

常见琢形

异形雕件

弧面形

珠形

水沫玉的主要矿物成分为钠长石和石英岩，并含有少量的辉石矿物和角闪石类矿物。用放大镜观察不显翠性，含有较多的石花或白棉，但水头很好，这是非常重要的特征，总体色彩为灰白色或白色。水沫玉也就是钠长石玉，是翡翠的伴生物，因此，哪里有翡翠，哪里就有水沫玉。

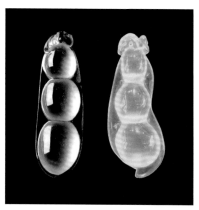

左图为冰种翡翠，右图为水沫玉

A货翡翠和水沫玉的主要特征分布如下。

光泽：翡翠为玻璃光泽，刚性足，显得耀眼、亮丽；而水沫玉的光泽相对较弱，刚性弱，柔弱无力，缺乏力度。

折射率：翡翠的折射率为1.66，而水沫玉的折射率为1.52~1.54，远低于翡翠。因为折射率相差很大，翡翠的透射光泽和折射光泽都远强于水沫玉。部分水沫玉的硬度和致密度相对会高一些，其透射光泽和折射光泽会稍微接近翡翠。

颜色：翡翠可见翠性、色根，有明显的颜色过渡，而水沫玉不显翠性，无颜色过渡，并有较多白色的石脑或石花等。

比重：翡翠的比重为3.33，而水沫玉的比重为2.6~2.8，翡翠比水沫玉重许多，直接用手掂量，翡翠明显沉于水沫玉。水沫玉用手掂时有轻飘感，显得单薄，没有沉坠感。

● 绘图颜色色阶

● **绘制福豆形水沫玉**

水沫玉福豆，寓意丰收、多子多福、耕耘收获。"福豆"，谐音"福寿"，意为幸福安康、长命百岁，是后辈对长者的祝愿和祈祷。

水粉颜料 & 色板

黑色　　　白色

工具：铅笔、灰色蜜丹纸、水粉颜料、水彩笔、白色高光笔

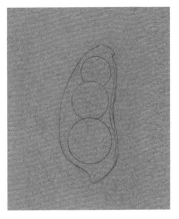

步骤① 用铅笔和模板画出福豆轮廓，豆子形如3颗圆珠垒在一起。

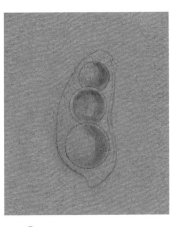

步骤② 用黑色加少许水，涂宝石右下角的弧面（由于水沫玉是透明宝石，白色区域较多，左上角弧面为白色区域，右下角弧面为灰黑色区域）。

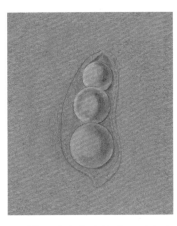

步骤③ 用白色加少许水，画出左上角弧面。用微湿的笔晕染，自然过渡，融合周围的颜色。

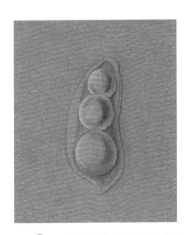

步骤④ 用白色加少许水画出福豆豆荚的亮面及暗面。用微湿的笔晕染，自然过渡，融合周围的颜色。

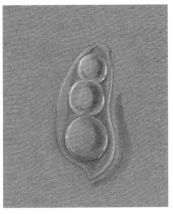

步骤⑤ 用白色加少许水勾画出细线，位于豆子及豆荚左上角边缘的高光处和右下角边缘的反光处。用黑色加少许水，画出阴影（涂于宝石外右下角弧面处）。

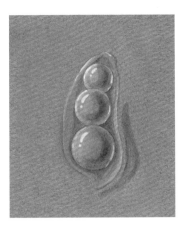

步骤⑥ 用POSCA高光笔点出高光。用白色加少许水，涂黑色阴影（因宝石透明，阴影中有宝石本身颜色的反光）。

葡萄石
Prehnite

硬　度:6~6.5

折射率:1.616~1.649

比　重:2.80~2.95

颜　色:浅绿、深绿、黄绿、
金黄色等

分　布:南非、美国、加
拿大等

光　泽:玻璃光泽、蜡光
泽

透明度:透明、半透明

常见琢形

弧面形

葡萄石是一种硅酸盐矿物,通常出现在火成岩的空洞中,有时在钟乳石上也可以见到。因其颜色和晶体仿佛刚刚剥去果皮的青葡萄,晶莹的绿色中泛着鲜嫩欲滴的光泽,不仅悦目,而且带给人们酸酸甜甜的诱人感觉,所以取名"葡萄石"。

葡萄石的主要颜色为浅绿色至黄色,较正的绿色非常少见,也非常受欢迎,除此之外,还能见到白色甚至无色的葡萄石,透明和半透明的都有。质量好的葡萄石可作为宝石,这种宝石被称为"好望角祖母绿"。纤维状的葡萄石被磨成素面后,还可能出现猫眼效应。

葡萄石原矿

● 绘图颜色色阶

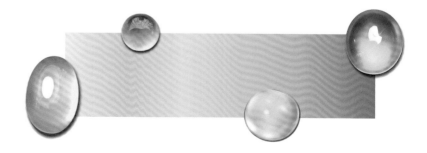

● **绘制椭圆形蛋面葡萄石**

水粉颜料 & 色板

黑色　白色　橄榄绿色

工具：铅笔、灰色蜜丹纸、水粉颜料、水彩笔、白色高光笔

步骤① 用铅笔和模板画出椭圆形宝石轮廓。

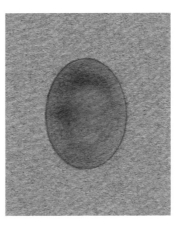

步骤② 用橄榄绿色加少许水，均匀地涂宝石整个表面。

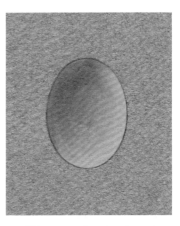

步骤③ 调和橄榄绿色+白色（加水），画出亮部（由于是透明宝石，亮部位于右下角弧面处）。用微湿的笔晕染，自然过渡，融合周围的颜色。

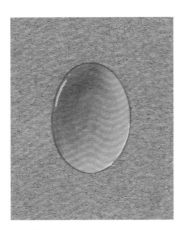

步骤④ 用白色加少许水勾画出细线，位于宝石左上角边缘的高光处和右下角边缘的反光处。

步骤⑤ 用POSCA高光笔点出高光。用黑色加少许水画出阴影（涂于宝石外右下角弧面处）。

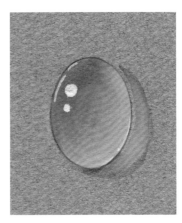

步骤⑥ 调和橄榄绿色+白色（加水），涂黑色阴影（因宝石透明，阴影中有宝石本身颜色的反光）。

发晶
Rutilated Quartz

硬　　度：7
折射率：1.544~1.553
比　　重：2.65
颜　　色：金色、红金色、
　　　　　白色、黑色等
分　　布：巴西、中国等
光　　泽：玻璃光泽
透明度：透明、半透明

常见琢形

弧面形

珠形

发晶原矿

发晶是包含针状包裹体的无色透明水晶，因内含物犹如发丝而得名。
发晶内部的矿物质有氧化钛、金红石（Rutile）、黑色电气石（黑碧玺，
Black Tourmaline）或者阳起石（Actinolite）。含有各种不同矿物
质会形成不同颜色的发晶，例如，含有金红石就会形成钛（金发）
晶、红发晶、银（白）发晶、黄发晶，含有黑色电气石会形成黑发晶，
含有阳起石大部分会形成绿发晶。

天然发晶中发丝多为平直丝状，细小者也有呈弯曲状的，常呈束状、
放射状或无规则取向分布。发丝细直且呈平行取向的发晶，加工后
可出现猫眼效应，成为发晶中的精品。

Master Pieces 104ct 发晶

● 绘图颜色色阶

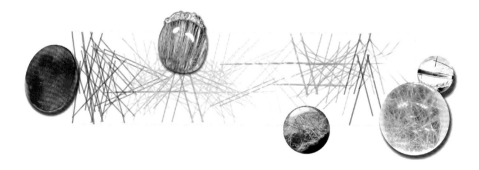

073

● **绘制椭圆形蛋面发晶**

水粉颜料 & 色板

黑色　　　　白色　　　　土红色（赭石色）　　土黄色

工具：铅笔、灰色蜜丹纸、水粉颜料、水彩笔、白色高光笔

步骤1 用铅笔和模板画出椭圆形宝石轮廓。

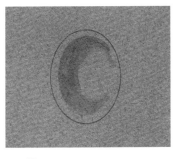

步骤2 用黑色加少许水，绘制宝石左上角的暗部。

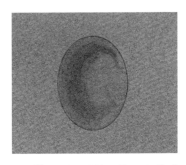

步骤3 用微湿的笔晕染，自然过渡上一步绘制的颜色。

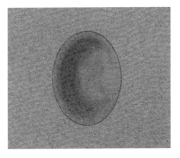

步骤4 用土黄色加少许水画出亮部（由于是透明宝石，亮部位于右下角弧面处）。用微湿的笔晕染，自然过渡，融合周围的颜色。

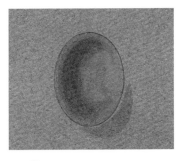

步骤5 用黑色加少许水画出阴影（涂于宝石外右下角弧面处）。

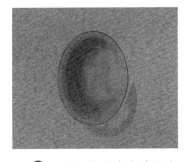

步骤6 用白色加少许水涂黑色阴影（因宝石透明，阴影中有宝石本身颜色的反光）。

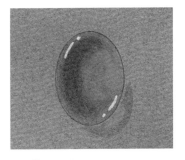

步骤7 用白色加少许水勾画出细线，位于宝石左上角边缘的高光处和右下角边缘的反光处。

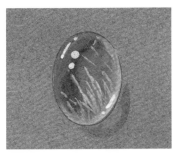

步骤8 调和土黄色+白色，用调和后的颜色和土红色、白色，自然地画出纤维状包裹体，再用POSCA高光笔点出高光。

5.2.5 塑形绘制——蓝水种葫芦、飘花平安扣、黄翡树叶、随形紫翡翠

"穿金显富贵、戴玉保平安",吉祥图案被广泛应用于翡翠上,翡翠上雕刻的吉祥图案生动逼真、多种多样,素材包括玉佛、如意、平安扣、竹节、长命锁、福豆、貔貅等,还有人物、器物、动物、植物等,祈求福寿吉祥、平安如意、多子多孙。

● 绘制蓝水种葫芦

葫芦因与"福禄"谐音,历来是中国文化中福气、富贵的象征,所以葫芦形状经常出现在首饰的设计加工中。

步骤① 用铅笔和模板画出一大一小两个圆形,并垒在一起。

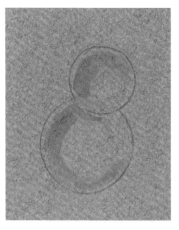

步骤② 调和湖蓝色+黑色+淡绿色+白色(加水),涂宝石左上角的弧面。

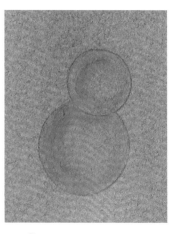

步骤③ 用微湿的笔晕染,自然过渡,融合周围的颜色。

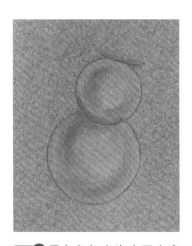

步骤④ 用白色加少许水画出亮部(由于是透明宝石,亮部位于右下角弧面处)。用微湿的笔晕染,自然过渡,融合周围的颜色。

步骤⑤ 用白色勾画出细线,位于宝石左上角边缘的高光处和右下角边缘的反光处。用黑色加少许水,画出阴影(涂于宝石外右下角弧面处)。

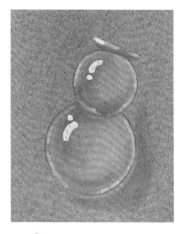

步骤⑥ 用POSCA高光笔点出高光。用第2步所调颜料涂黑色阴影(因宝石透明,阴影中有宝石本身颜色的反光)。

● 绘制飘花平安扣

飘花平安扣，其圆圆的
造型寓意出入平安，有
护身辟邪、吉祥保平安
的寓意。

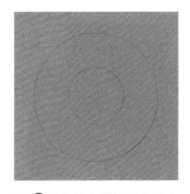

步骤❶ 用铅笔和模板画出两个
同心圆。

步骤❷ 调和湖蓝色+黑色+淡绿
色+白色（加水），涂宝石暗
部。

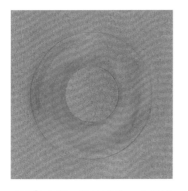

步骤❸ 用微湿的笔晕染，自然过
渡，融合周围的颜色。

步骤❹ 调和湖蓝色+黑色+淡绿
色+白色（加水），再次加强暗
部效果。

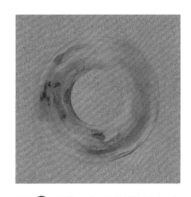

步骤❺ 用第4步所调颜料加少
许褐色，随意地画出片状的飘
花。

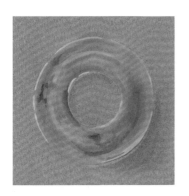

步骤❻ 用白色加少许水画出亮
部。用微湿的笔晕染，自然过
渡，融合周围的颜色。用黑色加
少许水，画出阴影（涂于宝石
外右下角弧面处及内环右下角
处）。

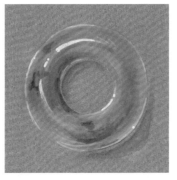

步骤❼ 用白色勾画出细线，位
于宝石左上角边缘的高光处
和右下角边缘的反光处。用
POSCA高光笔点出高光。最后
用第2步所调颜料涂黑色阴影
（因宝石透明，阴影中有宝石
本身颜色的反光）。

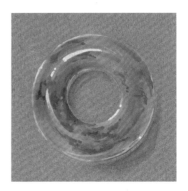

步骤❽ 再一次加强飘花的颜
色。

● 绘制黄翡树叶

黄翡树叶寓意生机勃发、活力无限。"叶"
与"业"谐音，寓意事业有成、步步高升，
同时"业"，还有"安居乐业"的意思，
形容家庭幸福、国泰民安。

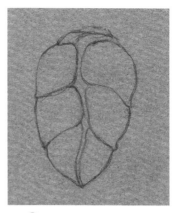

步骤❶用铅笔画出树叶的轮廓。

步骤❷用土黄色加少许水，涂宝石暗部。

步骤❸用白色加少许水加强亮部。用微湿的笔晕染，自然过渡，融合周围的颜色。

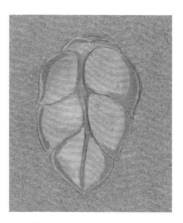

步骤❹用橘红色加少许水，着重强调出暗部。

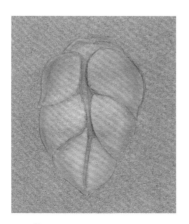

步骤❺用微湿的笔晕染，自然过渡，融合周围的颜色。

步骤❻用白色加少许水勾画出细线，位于宝石边缘的高光处和右下角边缘的反光处。用黑色加少许水画出阴影（涂于宝石外右下角弧面处）。

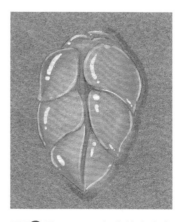

步骤❼用POSCA高光笔点出高光，然后用第2步所调颜料涂黑色阴影（因宝石透明，阴影中有宝石本身颜色的反光）。

● 绘制随形紫翡翠

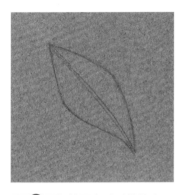

步骤① 用铅笔画出随形的轮廓。

步骤② 调和紫罗兰色+白色（加水），涂宝石暗部。

步骤③ 用微湿的笔晕染，自然过渡，融合周围的颜色。

步骤④ 用白色加少许水加强亮部。用微湿的笔晕染，自然过渡，融合周围的颜色。

步骤⑤ 用白色勾画出细线，位于宝石左上角边缘的高光处、棱面处及右下角边缘的反光处。用黑色加少许水画出阴影（涂于宝石外右下角弧面处）。

步骤⑥ 用POSCA高光笔点出高光，然后用第2步所调颜料涂黑色阴影（因宝石透明，阴影中有宝石本身颜色的反光）。

● 其他实例

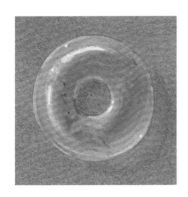

平安扣

如意

5.3 绘制七大特殊光学效应宝石

宝石的光学效应，指宝石在光的折射、反射、干涉衍射等作用下，呈现的一些奇异光学现象。这些光学效应主要是由宝石内含物、结构和光照特效等引起的。

● **由内含物引起**

猫眼效应   星光效应   砂金效应

蜜糖色猫眼   橄榄绿色猫眼   星光红宝石   星光蓝宝石   日光石

● **由结构引起**

月光效应   晕彩效应   变彩效应

月光石   拉长石   白欧泊   黑欧泊   火欧泊

● **由光照特性引起**

变色效应

亚历山大

5.3.1 星光效应——红宝石、蓝宝石

星光红 / 蓝宝石
Star Ruby/Star Sapphire

Robert Procop·星光
红宝石戒指

硬　度：9
折射率：1.76~1.78
比　重：3.8~4.05
分　布：缅甸、斯里兰卡、
　　　　马达加斯加等
光　泽：玻璃光泽
透明度：不透明、半透明

常见琢形

弧面形

星光宝石琢形都为弧面形，当然红蓝宝石还有刻面形。

星光效应指在平行光照射下，在以弧面切割的宝石表面呈现相互交会的四射、六射、十二射星状光带，并且亮线随宝石或光源的移动而移动的现象，称为"星光效应"。

星光红 / 蓝宝石因含有三组相交成 120° 角的平行排列的金红石纤维状包裹体，垂直晶体 C 轴加工成弧面宝石时，可见六射星光。其产生原因与猫眼的形成机理相同（见下图），由两组或两组以上定向排列的包裹体或结构引起。

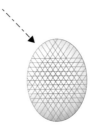　　

成 120° 包裹体排列　　　　星光效应

在自然界中，能产生星光效应的宝石较多，目前常见的有蓝宝石、红宝石、尖晶石、海蓝宝石等。

1. 星光红宝石

星光红宝石中独有两种包裹体——绢丝状金红石包裹体及形成的六射星光和乳白色絮状斑块。宝石颜色鲜明，但不均匀，常见平直的色带，多色性明显，用肉眼从不同的方向观察，可见两种不同的颜色，包括鸽血红、玫瑰红、粉红、猪血红。微量铬使其显红色，铬含量越高颜色越红，最红的俗称"鸽血红"。

● 绘图颜色色阶

● 绘制星光红宝石

水粉颜料 & 色板

黑色　　　白色　　　大红色　　深红色

工具：铅笔、灰色蜜丹纸、水粉颜料、水彩笔、白色高光笔

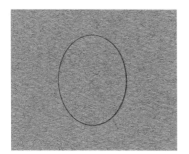

步骤①用铅笔和模板画出椭圆形宝石轮廓。

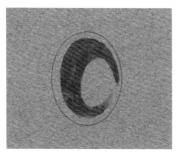

步骤②用深红色加少许水涂宝石左上角的暗部。

步骤③调和深红色+大红色，均匀地涂宝石轮廓内，并在暗部继续加深。

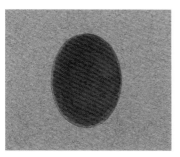

步骤④用大红色加少许水画出亮部（由于是透明宝石，亮部位于右下角弧面处）。用微湿的笔晕染，自然过渡，融合周围的颜色。

步骤⑤用白色加少许水勾画出细线，位于宝石左上角边缘的高光处和右下角边缘的反光处。

步骤⑥用黑色加少许水画出阴影（涂于宝石外右下角弧面处）。

步骤⑦用大红色加少许水涂黑色阴影（因宝石透明，阴影中有宝石本身颜色的反光）。

步骤⑧用白色勾画出星线，并在星线上勾画出毛躁的小短线（代表针状金红石）。此处需要注意，星线非直线，可略带弧度。

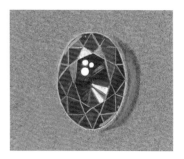

● 其他示例

2. 星光蓝宝石

星光蓝宝石就像印度洋的蓝天一样清亮、透明，被誉为蓝宝石中的极品。出现星光的蓝宝石以蓝色（深蓝、蓝黑、浅蓝、蓝灰色等）、绿色较常见，而橙色、黄色极罕见。黑色星光蓝宝石（黑星石）为极深的褐色、紫色或绿色。包裹体带来了星光，但降低了宝石的透明度，所以星光红/蓝宝石通常是半透明至透明的，而且此时宝石的表面会浮现出一种绸缎般的绢丝质感，非常迷人。

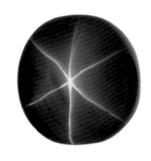

The Star of Adam，目前全球最大的星光蓝宝石（1404.49ct）产地为斯里兰卡

● 绘图颜色色阶

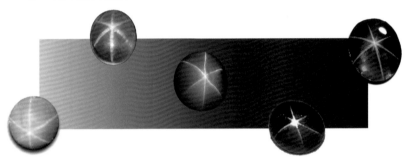

● 绘制星光蓝宝石

水粉颜料 & 色板

黑色　　白色　　群青色　　普蓝色

工具：铅笔、灰色蜜丹纸、水粉颜料、水彩笔、白色高光笔

步骤 1 用铅笔和模板画出椭圆形宝石轮廓。

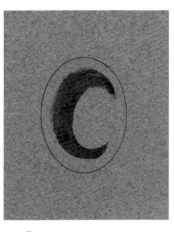

步骤 2 用群青色加少许水，涂宝石左上角的暗部。

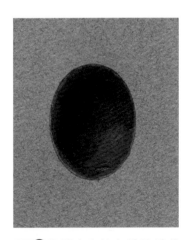

步骤 3 用群青色均匀地涂满整个宝石，并用普蓝色继续加深暗部（由于是透明宝石，暗部位于左上角弧面处）。用微湿的笔晕染，自然过渡，融合周围的颜色。

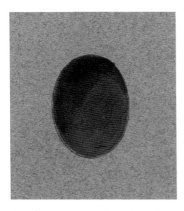

步骤④ 用群青色画出亮部（由于是透明宝石，亮部位于右下角弧面处）。用微湿的笔晕染，自然过渡，融合周围的颜色。

步骤⑤ 用白色加少许水勾画出细线，位于宝石左上角边缘的高光处和右下角边缘的反光处。用黑色加少许水画出阴影（涂于宝石外右下角弧面处）。

步骤⑥ 调和群青色＋白色（加水），涂黑色阴影（因宝石透明，阴影中有宝石本身颜色的反光）。

● 其他示例

步骤⑦ 用白色勾画出星线，并在星线上勾画出毛躁的小短线（代表针状金红石）。此处需要注意，星线非直线，可略带弧度。

083

Tips:

颜色为中等红色至深红色调的刚玉称为"红宝石"，其他所有颜色的刚玉都称为"蓝宝石"，例如粉色蓝宝石、橙色蓝宝石、紫色蓝宝石、帕帕拉恰等。

5.3.2 猫眼效应——蜜糖色猫眼石、绿色猫眼石

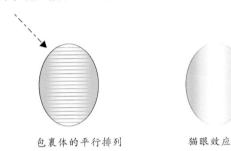

Oscar Heyman. 猫眼石耳钉

猫眼石
Cat's Eye

硬　度:8.5
折射率:1.746~1.763
比　重:3.71~3.75
颜　色:黄色、黄绿色、
　　　　鲜艳绿色、褐色
　　　　等
分　布:巴西、斯里兰卡、
　　　　印度等
光　泽:玻璃光泽
透明度:不透明、半透明

常见琢形

弧面形

猫眼效应是晶体中含大量平行排列的细小丝状金红石包裹体,当将其加工成弧面形琢形后,会在其弧面上出现一条明亮并具有一定游动性的光带,宛如猫眼细长的瞳眸,因此得名。

包裹体的平行排列　　　　　猫眼效应

猫眼石的种类很多,每种矿物家族都可能出现猫眼效应,例如,金绿猫眼、变石猫眼、祖母绿猫眼、石英猫眼、碧玺猫眼、月光石猫眼、欧泊猫眼、石榴石猫眼等。金绿猫眼的常见颜色为金黄色、黄绿色、灰绿色、褐色、褐黄色等,其颜色成因在于金绿宝石矿物中含有F离子。

金绿猫眼石是金绿宝石家族(Chrysoberyl)的重要一员,在西方被列为五大珍贵宝石之一。古埃及时期,法老手上的猫眼石戒指流传着一种神秘的传说:当猫眼"睁"开时,表示天神正在发怒,需要取人性命来祭拜天神,以平息、安抚天威。此外,据说在臣子进朝时,法老就以手上的猫眼石"眨眼"的次数来决定该臣子的官位或者性命。

● 绘图颜色色阶

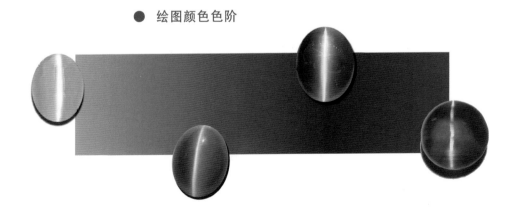

● 绘制蜜糖色猫眼石

黑色　白色　土黄色　土红色（榴石色）　热褐色　翠绿色　橄榄绿色

工具：铅笔、灰色蜜丹纸、水粉颜料、水彩笔、白色高光笔

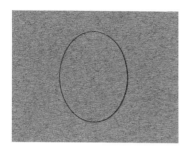

步骤①用铅笔和模板画出蜜糖猫眼石轮廓。

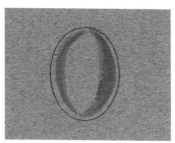

步骤②调和土黄色+土红色（少量），涂宝石的暗部。

步骤③用土黄色加少许水，均匀地涂满整个宝石。用微湿的笔晕染，自然过渡，融合周围的颜色。

步骤④调和土黄色+橄榄绿色（少量），涂在宝石轮廓边缘，以加强暗部。用微湿的笔晕染，自然过渡，融合周围的颜色。

步骤⑤用白色加少许水勾画出细线，位于宝石左上角边缘的高光处和右下角边缘的反光处。

步骤⑥调和土黄色+柠檬黄色+白色，画出眼线。注意眼线非直线，可略带弧度。

步骤⑦用土黄色、柠檬黄色和白色画出渐变小的短线，表示与猫眼眼线垂直的平行包裹体。

步骤⑧用黑色加少许水画出阴影，然后用土黄色加少许水，涂黑色阴影（因宝石透明，阴影中有宝石本身颜色的反光）。

步骤⑩用POSCA高光笔点出高光。注意将高光画小一些，不要遮住过多的包裹体。

● **绘制绿色猫眼石**

步骤① 用铅笔和模板画出轮廓。

步骤② 调和翠绿色 +橄榄绿色（少量），涂宝石暗部。

步骤③ 用橄榄绿色加少许水，均匀地涂满整个宝石。用微湿的笔晕染，自然过渡，融合周围的颜色。

步骤④ 调和橄榄绿色+熟褐色，涂宝石轮廓边缘，以加强暗部。用土黄色加少许水，涂宝石中间眼线位置，以加强亮部。用微湿的笔晕染，自然过渡，融合周围的颜色。

步骤⑤ 用白色加少许水勾画出细线，位于宝石左上角边缘的高光处和右下角边缘的反光处。

步骤⑥ 调和橄榄绿色+白色，画出眼线。注意眼线非直线，可略带弧度。

步骤⑦ 用橄榄绿色、土黄色和白色画出渐变的小短线，表示与猫眼眼线垂直的平行包裹体。

步骤⑧ 用黑色加少许水画出阴影。调和橄榄绿色+白色（加水），涂黑色阴影（因宝石透明，阴影中有宝石本身颜色的反光）。

步骤⑨ 用POSCA高光笔点出高光。注意画小一些，不要遮住过多包裹体。

5.3.3 变色效应——亚历山大石

亚历山大石
Alexandrite

Lot 2141，8.39ct 亚历山大石
变色效应强，产地斯里兰卡

硬　　度：8.5
折射率：1.74~1.76
比　　重：3.71~3.75
颜　　色：绿色、橙黄色、
　　　　　紫红色
分　　布：俄罗斯、巴西、斯
　　　　　里兰卡等
光　　泽：玻璃光泽
透明度：透明

常见琢形

刻面形

亚历山大石是金绿宝石家族中一种稀有的矿石，由于含铬而具有变色龙般的变色效应。在日光或荧光灯下它呈绿色，而在白炽灯下则呈褐色或紫红色，这源于矿物吸收光的复杂过程。亚历山大石的颜色变化被描述为"白天的祖母绿，夜晚的红宝石"，这种现象通常被称为"变色效应"。

亚历山大石具备强烈的多向色性，从不同的方向看，它呈现出的颜色各不相同。通常情况下，它的多向色呈现3种颜色，即绿色、橙色、紫红色。由于亚历山大石十分稀有，而大尺寸的更为罕见，因此，它是金绿玉家族中比较昂贵的宝石。

● 绘图颜色色阶

087

● **绘制亚历山大石**

水粉颜料 & 色板

黑色　　白色　　翠绿色　　橄榄绿色　　熟褐色　　紫罗兰色

工具：铅笔、灰色蜜丹纸、水粉颜料、水彩笔、白色高光笔

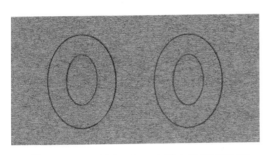

步骤❶用铅笔和模板画出两个同心椭圆形轮廓，内椭圆形占比50%~60%。

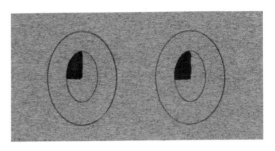

步骤❷左图：调和橄榄绿色+熟褐色，均匀地涂内椭圆形9点至12点的暗部扇形区域；右图：调和紫罗兰色+熟褐色，均匀地涂内椭圆形9点至12点的暗部扇形区域。

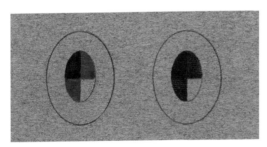

步骤❸左图：调和翠绿色+橄榄绿色，均匀地涂内椭圆形0点至3点、6点至9点的扇形区域；右图：调和紫罗兰色+熟褐色（少量），均匀地涂在内椭圆形0点至3点、6点至9点的扇形区域。

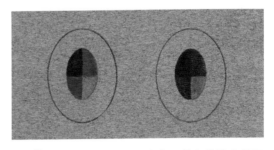

步骤❹左图：调和翠绿色+白色，均匀地涂内椭圆形3点至6点的亮部扇形区域；右图：调和紫罗兰色+熟褐色+白色，均匀地涂在内椭圆形3点至6点的亮部扇形区域。

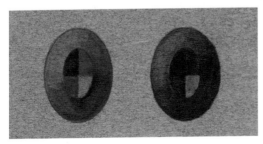

步骤❺用第3步所调颜色，画出暗部（涂于宝石外环，右下角弧面颜色较深，左上角颜色略浅）。

步骤❻用第4步所调颜色画出亮部（涂于宝石外环左上角弧面处）。用微湿的笔晕染，自然过渡，融合周围的颜色。

步骤 7 用白色加少许水，在内椭圆形内画出射线。

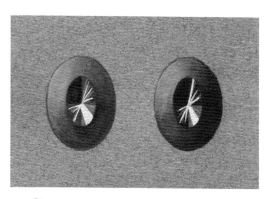

步骤 8 画出纯白色的三角形反光，其位于内椭圆形右下角亮部内扇形区域，注意此处反光要小于亮面。

步骤 9 用白色在与内椭圆形边缘相切处画出宝石刻面。画刻面时要注意其对称性（上下及左右对称）。

步骤 10 找到刻面左上角的三角形区域，均匀涂满白色，再用POSCA高光笔点出内椭圆形的高光。

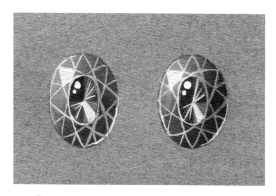

步骤 11 用白色加少许水勾画出细线，位于宝石左上角边缘的高光处和右下角边缘的反光处。然后用微湿的笔晕染外环右侧的刻面。因为右侧是暗部，所以刻面的白色不宜过亮。

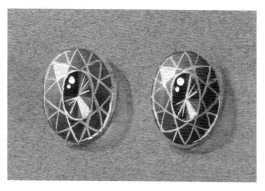

步骤 12 用黑色加少许水画出阴影（涂于宝石外右下角弧面处）。再用亮部颜色加水，涂黑色阴影（因宝石透明，阴影中有宝石本身颜色的反光）。

5.3.4 月光效应——月光石

月光石
Moonstone

硬　度：6
折射率：1.52~1.54
比　重：2.56~2.59
颜　色：白色、粉色、黄色、
　　　　黑色等
分　布：斯里兰卡、缅甸、
　　　　印度、巴西等
光　泽：玻璃光泽
透明度：半透明

常见琢形

Anna Hu——以月光石为主的蝴蝶饰品

弧面形

珠形

月光效应多出现在长石类宝石中，月光石等宝石转动到一定角度时，可见宝石表面呈现蔚蓝色、白色的浮光，看似朦胧的月光。这种效应被称为"月光效应"，也称为"冰长石效应"。

月光石一直被认为是月亮神赐给人类的礼物，仿佛带着神秘而不可抗拒的力量。月光石是由正长石和钠长石两种矿物分层交互形成的，通常呈无色至白色，半透明。月光石的反射光主要为蓝色和银色，也有红色和金黄色，但无论是哪一种颜色，反射光的亮度和面积决定了宝石的价格。

● 绘图颜色色阶

● 绘制月光石

水粉颜料 & 色板

黑色　　　　白色　　　　湖蓝色　　　群青色

工具：铅笔、灰色蜜丹纸、水粉颜料、水彩笔、白色高光笔

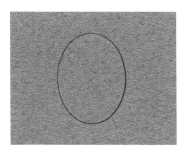

步骤1 用铅笔和模板画出椭圆形宝石轮廓。

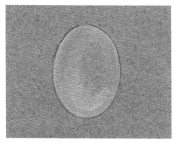

步骤2 调和白色+群青色（加水），并将其涂在宝石上。

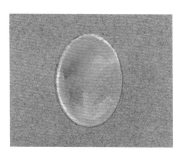

步骤3 用群青色加少许水、湖蓝色加少许水画出暗部（由于是透明宝石，暗部位于左上角弧面处）。用微湿的笔晕染，自然过渡，融合周围的颜色。

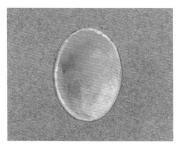

步骤4 用白色加少许水画出亮部（由于是透明宝石，亮部位于右下角弧面处）。用微湿的笔晕染，自然过渡，融合周围的颜色。

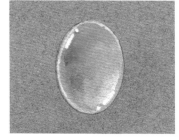

步骤5 用白色加少许水勾画出细线，位于宝石左上角边缘的高光处和右下角边缘的反光处。

步骤6 用POSCA高光笔点出高光。用黑色加少许水画出阴影（涂于宝石外右下角弧面处）。

● 其他示例

步骤7 调和群青色（少量）+白色（加水），涂黑色阴影（因宝石透明，阴影中有宝石本身颜色的反光）。

Tips:

在很多珠宝设计中，月光石常作为配石使用。

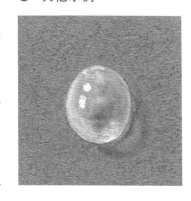

5.3.5 砂金效应——日光石

日光石
Sunstone

又　　称：太阳石
硬　　度：6~7
折射率：1.537~1.543
比　　重：2.65
颜　　色：黄色、橙色至棕
　　　　　色
分　　布：挪威、俄罗斯、
　　　　　加拿大、美国等
光　　泽：玻璃光泽
透明度：透明、半透明

常见琢形

弧面形

珠形

日光石手串

透明的宝石内部有许多不透明的固态包裹体，如小云母片、赤铁矿、黄铁矿和小金属片，当观察宝石时，包裹体因光的反射作用呈现许多星点状反光点，宛如水中的砂金，带有金黄色到红色色调的火花闪光因此被称为"砂金效应"。

日光石是长石族的一员。正长石和斜长石都有日光石类别。日光石被人们看作太阳神赐予的礼物。日光石无色、透明。评价日光石的透明度是极其重要的，宝石越透明，价值就越高。颜色从黄色到橘黄色，半透明，深色包裹体反光效果好者为日光石的佳品。

● 绘图颜色色阶

● 绘制日光石

水粉颜料 & 色板

黑色　　　　白色　　　　柠檬黄色　　土红色（赭石色）　土黄色

工具：铅笔、灰色蜜丹纸、水粉颜料、水彩笔、白色高光笔

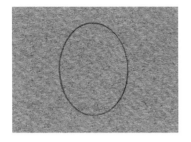

步骤① 用铅笔和模板画出椭圆形宝石轮廓。

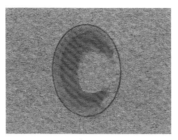

步骤② 调和土红色+土黄色（少量），涂宝石左上角的暗部。

步骤③ 用第2步调和的颜料，再加少许水，均匀地涂在宝石轮廓内，然后将暗部继续加深（由于是透明宝石，暗部位于左上角弧面处）。用微湿的笔晕染，自然过渡，融合周围的颜色。

步骤④ 调和土黄色+柠檬黄色+白色，画出亮部（由于是透明宝石，亮部位于右下角弧面处）。用微湿的笔晕染，自然过渡，融合周围的颜色。

步骤⑤ 用白色加少许水，勾画出细线，其位于宝石左上角边缘的高光处和右下角边缘的反光处。

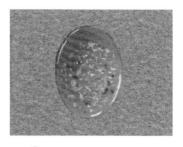

步骤⑥ 把水彩笔蹭尖，用柠檬黄色、白色、土红色，自然地点在宝石上。

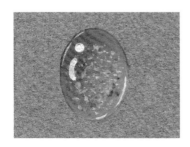

步骤⑦ 用POSCA高光笔点出高光。

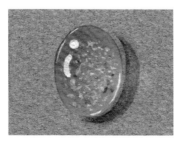

步骤⑧ 用黑色加少许水，画出阴影（涂于宝石外右下角弧面处）。

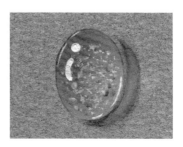

步骤⑨ 调和白色+土红色+柠檬黄色，涂黑色阴影（因宝石透明，阴影中有宝石本身颜色的反光）。

5.3.6　晕彩效应——拉长石

拉长石
Labradorite

又　称：光谱石
硬　度：6~6.5
折射率：1.562~1.672
比　重：2.65~2.75
颜　色：白色、灰白、黑色
　　　　等
分　布：加拿大、美国、
　　　　马达加斯加等
光　泽：玻璃光泽
透明度：不透明、微透明

常见琢形

弧面形

薄片型

Nambroth

Sydney Lynch

拉长石具有典型的晕彩效应，其内部的聚片双晶膜层会对光产生干涉作用，当宝石转动到一定角度时，整块宝石亮起，呈现蓝、绿、橙、黄、紫、红色的晕彩，因而得名。

拉长石是斜长石的一种，由钠长石和钙长石组成。它与日光石同属斜长石一类。其材料稀少，色泽诱人。拉长石常被人们用作装饰材料，其中有些有晕彩效应的拉长石还被当作纯净而色泽美丽的斜长石，但并非很名贵的宝石。拉长石一般为灰色、褐色到黑色，可作为宝石的拉长石有红色、蓝色、绿色的晕彩效应。

● 绘图颜色色阶

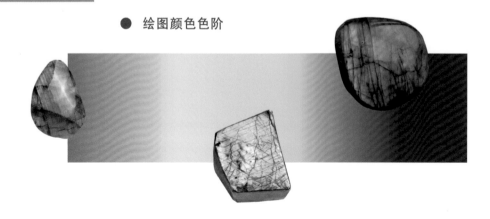

● 绘制拉长石

水粉颜料 & 色板

黑色　　　白色　　　群青色　　　普蓝色

工具：铅笔、灰色蜜丹纸、水粉颜料、水彩笔、白色高光笔

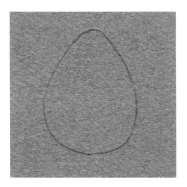

步骤❶用铅笔和模板画出拉长石轮廓。

步骤❷调和群青色+白色，涂出多层渐变的颜色。绘制亮部时，可以在左侧多调和一些白色，加强明暗对比，右侧颜色则较深。

步骤❸用少许普蓝色画出暗部（涂于宝石右下角弧面处）。用微湿的笔晕染，自然过渡，融合周围的颜色。

步骤❹用普蓝色勾画出拉长石表面的包裹体，类似龟裂纹路。

步骤❺用黑色加少许水画出阴影（涂于宝石外右下角弧面处）。

步骤❻用白色加少许水勾画出细线，位于宝石左上角边缘的高光处和右下角边缘的反光处。

步骤❼用POSCA高光笔点出高光。

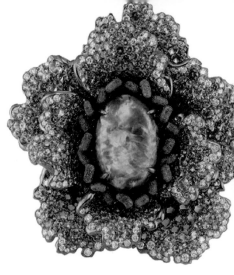

5.3.7 变彩效应——黑欧泊、白欧泊、火欧泊

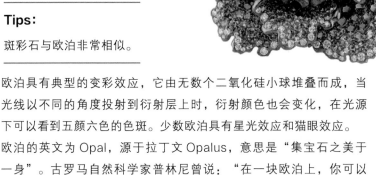

Chopard, Fleurs
D'opales 欧泊花朵戒指

欧泊
Opal

又　称：蛋白石、澳宝
硬　度：5~6
折射率：1.40~1.46
比　重：2.00~2.10
颜　色：各种颜色
分　布：澳大利亚、墨西哥、
　　　　埃塞俄比亚等
光　泽：玻璃光泽、树脂
　　　　光泽
透明度：透明、不透明

常见琢形

弧面形

薄片型

刻面形（仅火欧泊常见）

Tips:

斑彩石与欧泊非常相似。

欧泊具有典型的变彩效应，它由无数个二氧化硅小球堆叠而成，当光线以不同的角度投射到衍射层上时，衍射颜色也会变化，在光源下可以看到五颜六色的色斑。少数欧泊具有星光效应和猫眼效应。

欧泊的英文为 Opal，源于拉丁文 Opalus，意思是"集宝石之美于一身"。古罗马自然科学家普林尼曾说："在一块欧泊上，你可以看到红宝石的火焰、紫水晶般的色斑、祖母绿般的绿海，五彩缤纷，浑然一体，美不胜收。"高质量的欧泊被誉为宝石的"调色板"，以其具有特殊的变彩效应而闻名于世。

欧泊是一种非晶质宝石，非常脆弱，硬度仅为6，而且需要避免高温、干燥的环境存放。天然欧泊的种类包括黑欧泊、白欧泊、火欧泊、晶质欧泊。欧泊也可能深入地层内部的动植物化石中，形成"化石欧泊"。

● **绘图颜色色阶黑欧泊**　　　　　　　黑欧泊

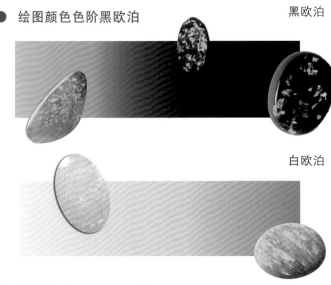

白欧泊

● **黑欧泊（Black Opal）**

黑欧泊出产于澳大利亚新南威尔士州的闪电岭，是最著名和最昂贵的欧泊品种。天然黑欧泊是欧泊中的皇族，由于形态独特且稀少，因而昂贵。黑欧泊并不是指它完全是黑色的，只是相比胚体色调较浅的欧泊而言，它的胚体色调比较深。

● 绘制薄片型黑欧泊

水粉颜料 & 色板

黑色　　白色　　淡绿色　　群青色　　普蓝色

工具：铅笔、灰色蜜丹纸、水粉颜料、水彩笔、白色高光笔

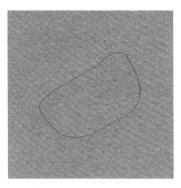

步骤❶ 用铅笔画出薄片型黑欧泊的轮廓。通常情况下，很多欧泊是没有固定形状的。

步骤❷ 用群青色均匀地涂宝石轮廓内的区域。

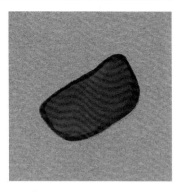

步骤❸ 用普蓝色涂抹宝石轮廓边缘，加强暗部。用微湿的笔晕染，融合周围的颜色。

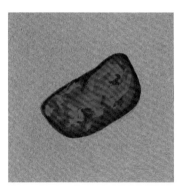

步骤❹ 调和群青色+白色，成片地点在宝石表面，此处没有规律，保持自然形态即可。

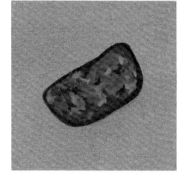

步骤❺ 用第4步调和的颜料，再加少许白色，成片地点在宝石表面。然后用淡绿色加少许水，成片地点在宝石表面。

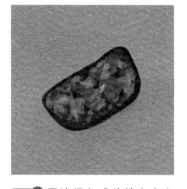

步骤❻ 用淡绿色成片地点在宝石表面。注意颜料可以涂厚一点，因为底色深，干后会反出底色，也可反复多涂几遍。

步骤❼ 用黑色加少许水画出阴影（涂于宝石外右下角弧面处）。

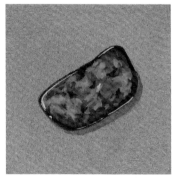

步骤❽ 用白色加少许水，勾画出细线，位于宝石左上角边缘的高光处和右下角边缘的反光处。

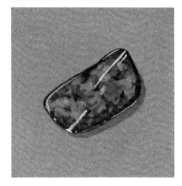

步骤❾ 用POSCA高光笔画出镜面高光。

● **白欧泊**（White Opal）

澳大利亚欧泊的一种，泛指白色（无色）或浅色体色、透明到微透明、有变彩或有特殊闪光效应的贵蛋白石。

水粉颜料 & 色板

黑色　白色　橘黄色　柠檬黄色　淡绿色　湖蓝色　群青色

工具：铅笔、灰色蜜丹纸、水粉颜料、水彩笔、白色高光笔

● **绘制蛋面白欧泊**

步骤① 用铅笔和模板画出蛋面白欧泊轮廓。

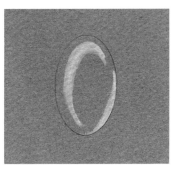

步骤② 用白色涂宝石暗部。

步骤③ 用白色加少许水，均匀地涂宝石轮廓内的区域。

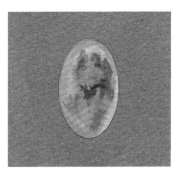

步骤④ 用橘黄色、柠檬黄色、淡绿色、群青色、湖蓝色，成片点在宝石表面上。没有规律且保持自然形态。

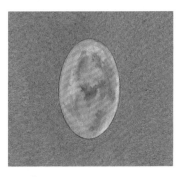

步骤⑤ 加强蛋面中间部分的彩色，但不宜过多。颜色与第3步相同。

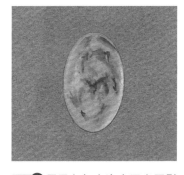

步骤⑥ 用黑色加少许水画出阴影（涂于宝石外右下角弧面处）。然后用白色加少许水，涂黑色阴影（因宝石透明，阴影中有宝石本身颜色的反光）。

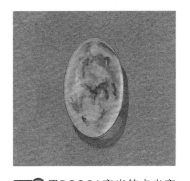

步骤⑦ 用POSCA高光笔点出高光。

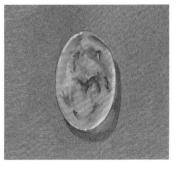

步骤⑧ 用黑色加少许水，画出阴影（涂于宝石外右下角弧面处）。

步骤⑨ 用POSCA高光笔点出高光。

● 火欧泊（Fire Opal）

火欧泊泛指体色为橙黄、橙红至红色，透明到半透明，没有变彩效应的贵蛋白石。墨西哥产出的火欧泊相当出名，有时称墨西哥火欧泊。火欧泊的历史相当悠久，早在玛雅时期和阿兹台克时期便被当地人视为珍宝，它们将这种散发着温暖迷人橙红色调的宝石称为"天堂鸟般美丽的宝石"。

● 绘图颜色色阶

● 绘制火欧泊原矿

水粉颜料 & 色板

黑色　　白色　　橘黄色　柠檬黄色　土黄色　熟褐色

工具：铅笔、灰色蜜丹纸、水粉颜料、水彩笔、白色高光笔

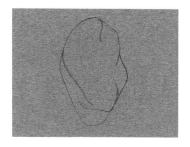

步骤❶用铅笔和模板画出火欧泊原矿轮廓。

步骤❷用橘黄色涂亮部，给土黄色加水，涂暗部。

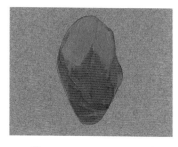

步骤❸用土黄色加少许水，填满宝石轮廓内空白的部分。用微湿的笔晕染，自然过渡，融合周围的颜色。

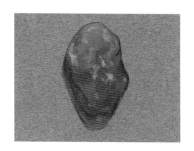

步骤❹用柠檬黄色加强亮部，并成片地点在宝石表面。用熟褐色加强暗部，用线条勾勒出宝石颜色最深的区域。

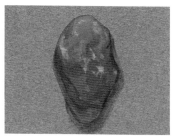

步骤❺用黑色加少许水画出阴影（涂于宝石外轮廓）。然后用橘黄色加少许水，涂黑色阴影（因宝石透明，阴影中有宝石本身颜色的反光）。

步骤❻用POSCA高光笔点出高光，高光形状跟随宝石凸起的边缘而变化。然后用白色加少许水勾画出细线，位于宝石左上角边缘的高光处和右下角边缘的反光处。

5.4 绘制刻面宝石

刻面（Faceted Cut）宝石，又称棱面型、翻光面型和小面型，其特点是宝石由许多小刻面按一定规律排列组合而成，多呈规则的几何多面体，例如，圆形明亮式切工、玫瑰形切工、阶梯形切工、混合型等。

上图为刻面宝石的素描关系分析图。光线从左上角45°方向投射在宝石上。内圆（内多边形）按透明宝石的画法，左上角为暗面，右下角为亮面。外环（外圆）按不透明宝石的画法，左上角受光面为亮面，右下角背光面为暗面。

5.4.1 宝石的透视解析

在珠宝设计中，宝石并非观察到的正台面，转动宝石时会出现多个空间的面，此时看到的就是带有透视关系的宝石。如右图所示为正圆形在随不同角度的上下翻转中，慢慢变为椭圆形→扁椭圆形→直线的展示过程。

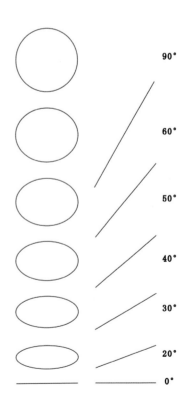

下面具体来看各种宝石的透视表达方式。

● 素面宝石透视

● 圆钻透视

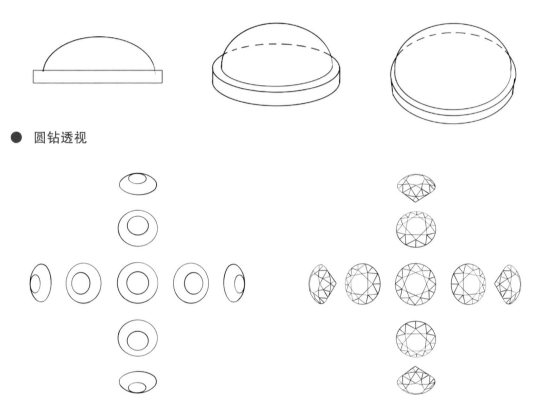

第1步，台面透视   第2步，加上刻面

● 方钻透视

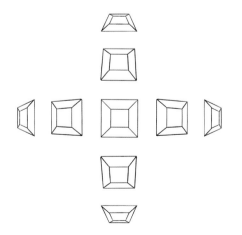

● **不同琢形的宝石透视**

Harry Winston（海瑞温斯顿）

钻石手表

钻石
Diamond

又　称：金刚石
硬　度：10
折射率：2.42
比　重：3.52
颜　色：白色等
分　布：南非、坦桑尼亚、巴西等
光　泽：金刚光泽
透明度：透明

常见琢形

刻面形

钻石是一种碳元素矿物，纯净的钻石完全由碳元素构成，是唯一可以用作宝石的单一元素矿物。

尽管人们现在将钻石和爱情联系在一起，但是这种象征只是在近代才流行起来的，最主要的原因是过去钻石过于稀少，直到19世纪发现非洲钻石矿之后，才出现足够商业流通的钻石。

20世纪50年代，人们发现西伯利亚矿床；20世纪80年代，澳大利亚短暂成为最重要的钻石出产国；20世纪90年代后期，加拿大也开始进行商业化钻石开采。

钻石的评级依据4个主要因素，也就是人们常说的4C。

Color（颜色）：颜色的等级，相对的洁白度，或彩色的稀有性和美观性，由D到Z。D色最白，M、N泛黄。

D、E、F　　　　　　　　　　　　　　　X、Y、Z

Clarity（净度）：包裹体和裂隙的程度。

F、IF、VVS1　　　　　　　　　　　　　I3

Carat（克拉重量）：宝石的重量，1ct = 0.2g。

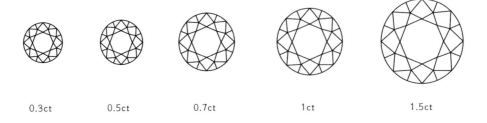

| 0.3ct | 0.5ct | 0.7ct | 1ct | 1.5ct |

Cut（切工）：切磨的啄型和品质。切工细分为3个类别：切工、抛光、对称性。

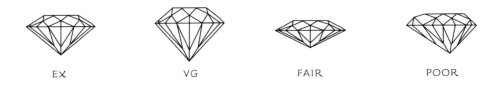

| EX | VG | FAIR | POOR |

标准的明亮式切割由56个刻面和1个台面组成，一共57个刻面。钻石加工可分解为4部分：台面、冠部、腰部以及亭部。

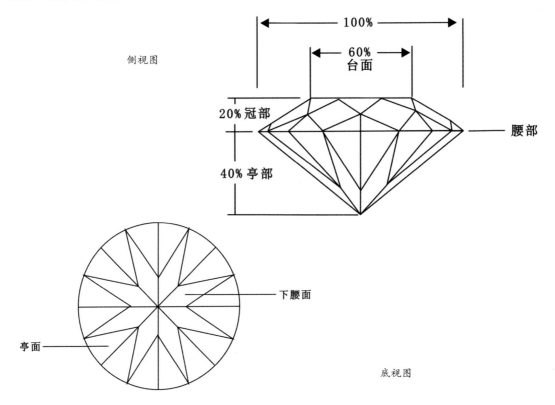

顶视图

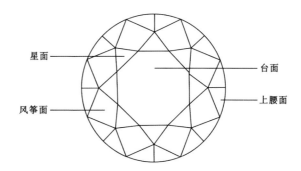

星面　　　　　　　　台面

风筝面　　　　　　　上腰面

● **标准刻面线稿绘制步骤**

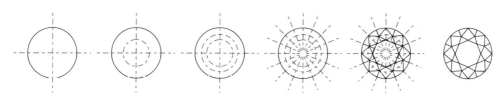

● **绘图颜色色阶**

● **钻石绘制——明亮式切割（适用于小克拉宝石）**

水粉颜料 & 色板

黑色　　　　白色

工具：铅笔、灰色蜜丹纸、水粉颜料、水彩笔、白色高光笔

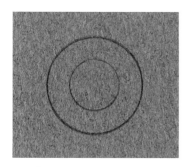

步骤① 用铅笔和模板画出两个同心圆形轮廓，内圆形占比50%~60%。

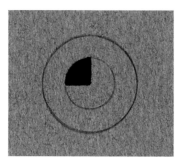

步骤② 用黑色加少许水，均匀地涂内圆形9点至12点的暗部扇形区域。

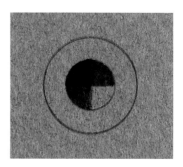

步骤③ 在第2步所调颜色中再加少许水，均匀地涂内圆形0点至3点、6点至9点的扇形区域。

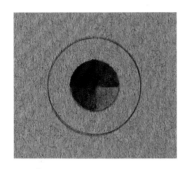

步骤④ 在第3步所调颜色中再加足量的水，均匀地涂内圆形3点至6点的亮部扇形区域。

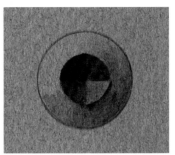

步骤⑤ 用第3步所调颜色画出暗部（涂于宝石外环，右下角弧面颜色较深，左上角颜色略浅）。

步骤⑥ 用白色加少许水，画出亮部（涂于宝石外环处、左上角弧面处）。用微湿的笔晕染，自然过渡，融合周围的颜色。

步骤⑦ 用白色加少许水，画出亮部（涂于宝石外环左上角弧面处）。用微湿的笔晕染，自然过渡，融合周围的颜色。

步骤⑧ 用白色加少许水，画出亮部（涂于宝石外环左上角弧面处）。用微湿的笔晕染，自然过渡，融合周围的颜色。

步骤⑨ 用白色勾画出内圆形轮廓。

步骤⑩ 用白色在与内圆形边缘相切处画出宝石刻面。画刻面时注意其对称性（上下对称及左右对称）。

步骤⑪ 找到刻面左上角的三角形区域，并均匀涂满白色。再用POSCA高光笔点出内圆形的高光。

步骤⑫ 用白色加少许水，勾画出细线，位于宝石左上角边缘的高光处和右下角边缘的反光处。用微湿的笔晕染外环右侧的刻面。因右侧是暗部，刻面的白色不宜过亮。

Tips:

钻石中的灰色调永远是用黑色加水调出的，而非用黑色 + 白色调和，因为加入白色的灰色不通透，给人脏和浑浊的感觉。

步骤13 用黑色加少许水，画出阴影（涂于宝石外右下角弧面处）。

步骤14 用亮部颜色加水，涂黑色阴影（因宝石透明，阴影中有宝石本身颜色的反光）。

● 其他琢形钻石示例

5.4.3 帕帕拉恰——椭圆形切割

帕帕拉恰
Padparadscha

又　　称：莲花刚玉
硬　　度：9
折射率：1.76~1.78
比　　重：3.8~4.05
颜　　色：粉橙色调
分　　布：斯里兰卡、马达
加斯加、坦桑尼
亚等
光　　泽：玻璃光泽
透明度：透明

常见琢形

刻面形

21.2ct斯里兰卡无烧帕帕拉恰

帕帕拉恰的名字来自于梵语 Padmaraga，意为莲花，是刚玉家族除红蓝宝石外，唯一有自己名称的刚玉，也称"红莲花刚玉"。其他颜色的刚玉只能躲在蓝宝石背后，被称为粉色蓝宝石、黄色蓝宝石、紫色蓝宝石……

帕帕拉恰也泛指高品质、高亮度和高饱和度的粉橙色蓝宝石。帕帕拉恰非常珍贵，它的产量只有红宝石的 1% 左右。它同时拥有粉色和橙色，而且两种颜色需要满足严苛而微妙的比例，在整个宝石中颜色比例严格控制在 30%~70%，没有其他杂色，差一点都只能被叫作粉色蓝宝石、橙色蓝宝石，而不能被叫作帕帕拉恰。一般来说，帕帕拉恰可以分为"粉橙色"和"橙粉色"两个色系，粉橙如晨曦，橙粉如夕阳。

Sunrise（晨曦）

Sunset（夕阳）

● 绘图颜色色阶

● 标准刻面线稿绘制步骤

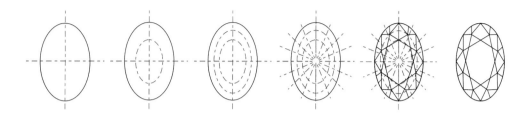

● 绘制帕帕拉恰宝石
　　——椭圆形切割（适
　　用于小克拉宝石）

水粉颜料 & 色板

黑色　　　白色　　土红色（褐石色）

工具：铅笔、灰色蜜丹纸、水粉颜料、水彩笔、白色高光笔

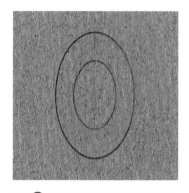

步骤① 用铅笔和模板画出两个同心椭圆形轮廓，内椭圆形占比50%~60%。

步骤② 用土红色均匀地涂内椭圆形9点至12点的暗部扇形区域。

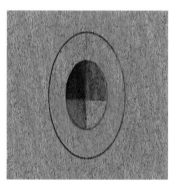

步骤③ 调和土红色+白色（少量），均匀地涂内椭圆形0点至3点、6点至9点的扇形区域。

步骤④ 在第3步所调颜料中再加白色，均匀地涂内椭圆形3点至6点的亮部扇形区域。

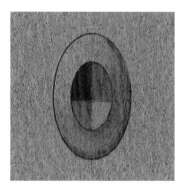

步骤⑤ 用第3步所调颜色画出暗部（涂于宝石外环，右下角弧面颜色较深，左上角颜色略浅）。

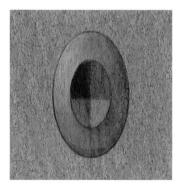

步骤⑥ 用第4步所调颜色画出亮部（涂于宝石外环左上角弧面处）。用微湿的笔晕染，自然过渡，融合周围的颜色。

步骤7 用白色加少许水，在内椭圆形内画出射线。

步骤8 画出纯白色三角形的反光，位于内椭圆形右下角亮部内扇形区域内，注意此处反光要小于亮面。

步骤9 用白色勾画出内椭圆形轮廓。

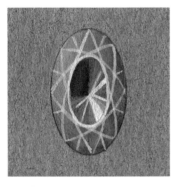

步骤10 用白色在与内椭圆形边缘相切处画出宝石刻面。画刻面时要注意对称性（上下对称及左右对称）。

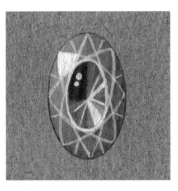

步骤11 找到刻面左上角的三角形区域，并均匀涂满白色。再用POSCA高光笔点出内椭圆形的高光。

步骤12 用白色加少许水勾画细线，展示位于宝石左上角边缘的高光和右下角边缘的反光。用微湿的笔，晕染外环右侧的刻面。因右侧是暗部，刻面的白色不宜过亮。

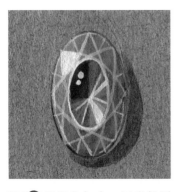

步骤13 用黑色加水，画出投影（涂于宝石外右下角的弧面处）。

步骤14 用亮部颜色加水，涂于黑色投影中（因透明宝石的缘故，投影内有宝石本身颜色的反光）。

Tips:

此示例为橘色偏多的帕帕拉恰，如需粉色调帕帕拉恰，可加入少量大红色＋白色。

沙弗莱

Tsavorite

硬　　度：7~7.5

折射率：1.74

比　　重：3.7

颜　　色：翠绿色、浅绿色、
深绿色、蓝绿色
等

分　　布：肯尼亚、坦桑尼
亚、加拿大、斯
里兰卡等

光　　泽：玻璃光泽

透明度：透明

常见琢形

刻面形

Capu "羚羊" 沙弗莱胸针
（作者自有品牌）

沙弗莱是丰富多彩的石榴石家族中钙铝榴石的一员。沙弗莱的化学名称为"铬钒钙铝榴石"，因含有微量的铬和钒元素，娇艳翠绿、赏心悦目。它产自肯尼亚的沙弗国家公园，在 20 世纪 60 年代末才被地质学家坎贝尔·布里奇斯（Campbell Bridges）发现。在珠宝市场中属于最具"狂野叛逆的浪漫主义气息"的宝石。20 世纪 70 年代早期，美国珠宝商蒂芙尼(Tiffany & Co.)将这款宝石命名为"沙弗莱"，并推向全世界。

沙弗莱在珠宝原石交易中只有 2.5% 左右超过 2ct，5ct 以上的更是稀少。决定价格高低最主要的因素就是颜色，沙弗莱的绿色容易泛黄，而偏蓝色的则少之又少。颜色浓度也是重要的指标之一，淡浓度顶多能称为绿色钙铝榴石，浓度太深就会变成暗绿色，价值也会直线下跌。

● 绘图颜色色阶

● 绘制沙弗莱宝石——椭圆
　　形切割（适用于小克拉宝
　　石）

水粉颜料 & 色板

黑色　　　　白色　　　翠绿色　　　淡绿色　　柠檬黄色

工具：铅笔、灰色蜜丹纸、水粉颜料、水彩笔、白色高光笔

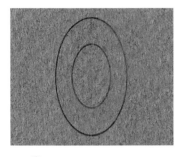

步骤① 用铅笔和模板画出两个同心椭圆形轮廓，内椭圆形占比50%~60%。

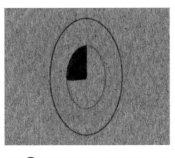

步骤② 用翠绿色均匀地涂内椭圆形9点至12点的暗部扇形区域。

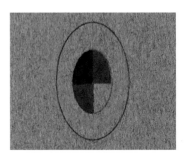

步骤③ 调和翠绿色+淡绿色，均匀地涂内椭圆形0点至3点、6点至9点的扇形区域。

步骤④ 用淡绿色均匀地涂内椭圆形3点至6点的亮部扇形区域。

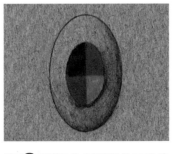

步骤⑤ 用第3步所调颜色画出暗部（涂于宝石外环，右下角弧面颜色较深，左上角颜色略浅）。

步骤⑥ 用第4步所调颜色加少许柠檬黄色画出亮部（涂于宝石外环左上角弧面处）。用微湿的笔晕染，自然过渡，融合周围的颜色。

步骤⑦ 用白色加少许水，在内椭圆形内画出射线。

步骤⑧ 画出纯白色三角形的反光，位于在内椭圆形右下角亮部内扇形区域内，注意此处反光要小于亮面。

步骤⑨ 用白色勾画出内椭圆形轮廓。

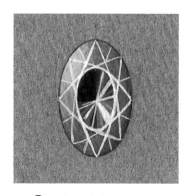

步骤⑩用白色在与内椭圆形边缘相切处画出宝石刻面。画刻面时要注意对称性（上下对称及左右对称）。

步骤⑪找到刻面左上角的三角形区域，并均匀涂满白色。用POSCA高光笔点出内椭圆形的高光。

步骤⑫用白色加少许水，勾画出细线，其位于宝石左上角边缘的高光处和右下角边缘的反光处。然后用微湿的笔晕染外环右侧的刻面。因右侧是暗部，所以刻面的白色不宜过亮。

步骤⑬用黑色加少许水画出阴影（涂于宝石外右下角弧面处）。

步骤⑭用亮部颜色加水涂黑色阴影（因宝石透明，阴影中有宝石本身颜色的反光）。

Tips：

沙弗莱的颜色偏黄绿色，可以适量加一些柠檬黄色，而祖母绿偏翠绿色。

Chanel 沙弗莱戒指

5.4.5 托帕石——马眼形切割

Stefan Hafner，Aria 绿色 / 蓝色托帕石戒指

托帕石
Topaz

又　　称：黄玉、黄晶
硬　　度：8
折射率：1.61~1.64
比　　重：3.5~3.6
颜　　色：黄色、橙色、粉色、
　　　　　蓝色等
分　　布：巴西、缅甸、美国、
　　　　　斯里兰卡等
光　　泽：玻璃光泽
透明度：透明

常见琢形

刻面形

托帕石又称为黄玉或黄晶，由于消费者容易将黄玉与黄色玉石、黄晶的名称混淆，商业上多采用英文 Topaz 的音译"托帕石"来标注宝石级的黄玉。它的英文名来源于希腊的说法：红海扎巴贾德岛，该岛旧称"托帕焦斯（Topazios）"，意为"难寻找"，因该岛常被大雾笼罩不意发现而得名。因托帕石也非常难以寻找，所以取名"托帕石"。目前市场上绝大多数蓝色托帕石都是经过辐照处理着色的。蓝色托帕石大多数是由无色托帕石先经辐照处理，然后再加热处理，去除黄色、褐色调产生的。托帕石的残余放射性半衰期大约为 100 天。因此，经改色处理的托帕石不能马上投放市场，厂家一般存放 1 年以上（约 3.65 个半衰期，此时托帕石的放射性已微乎其微，甚至可以忽略不计）才出厂，因此，佩戴改色的托帕石是安全的，不会对人体造成伤害。

橙色并伴有粉红色调的"帝王托帕石"价格最高，未经处理的黄色和蓝色托帕石价值相当，经过辐照加热处理的蓝色托帕石价格相对较低。

● **绘图颜色色阶**

● 标准刻面线稿绘制步骤

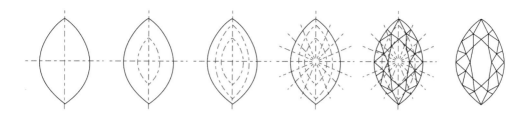

● 绘制帕托石——马眼形切割（适用于小克拉宝石）

水粉颜料 & 色板

黑色　　白色　　湖蓝色　普蓝色

工具：铅笔、灰色蜜丹纸、水粉颜料、水彩笔、白色高光笔

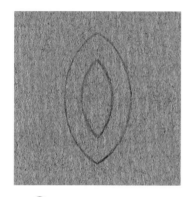

步骤① 用铅笔和模板画出两个同心马眼形轮廓，内马眼形占比50%~60%。

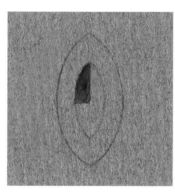

步骤② 调和普蓝色+湖蓝色，均匀地涂内马眼形9点至12点的暗部扇形区域。

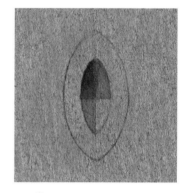

步骤③ 用湖蓝色均匀地涂内马眼形0点至3点、6点至9点的扇形区域。

步骤④ 调和湖蓝色+白色，均匀地涂内马眼形3点至6点的亮部扇形区域。

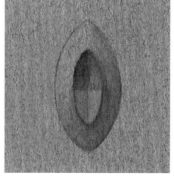

步骤⑤ 用第3步所调颜色画出暗部（涂于宝石外环，右下角弧面颜色较深，左上角颜色略浅）。

步骤⑥ 用第4步所调颜色，画出亮部（涂于宝石外环左上角弧面处）。用微湿的笔晕染，自然过渡，融合周围的颜色。

步骤⑦ 用白色加少许水，在内马眼形内画出射线。

步骤⑧ 画出纯白色马眼形的反光，位于在内马眼形右下角亮部内扇形区域，注意此处反光要小于亮面。

步骤⑨ 用白色勾画出内马眼形轮廓。

步骤⑩ 用白色在与内马眼形边缘相切处画出宝石刻面，画刻面时要注意对称性（上下对称及左右对称）。

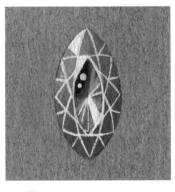

步骤⑪ 找到刻面左上角的马眼形区域，并均匀涂满白色。再用POSCA高光笔点出内马眼形的高光。

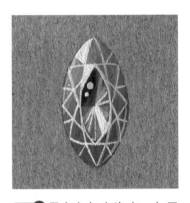

步骤⑫ 用白色加少许水，勾画出细线，位于宝石左上角边缘的高光处和右下角边缘的反光处。然后用微湿的笔晕染外环右侧的刻面。因右侧是暗部，所以刻面的白色不宜过亮。

步骤⑬ 用黑色加少许水，画出阴影（涂于宝石外右下角弧面处）。

步骤⑭ 用亮部颜色加水，涂黑色阴影（因宝石透明，阴影中有宝石本身颜色的反光）。

Tips：

常见辐照后的宝石以湖蓝色为主，天然原色托帕石带淡蓝灰色调，颜色与海蓝宝石相似。

Cartier 紫水晶手链

紫水晶
Amethyst

硬　　度：7
折射率：1.54~1.56
比　　重：2.65
颜　　色：无色、淡紫色至
　　　　　紫色等
分　　布：巴西、韩国、乌
　　　　　拉圭、赞比亚等
光　　泽：玻璃光泽
透明度：透明、半透明

常见琢形

刻面形

弧面形

珠形

异形雕件

水晶（Quartz Crystal）是一种无色透明的大型石英结晶体矿物，而紫水晶是石英家族一种紫颜色的水晶，因含微量的铁而出现紫罗兰色。天然紫水晶的颜色主要有淡紫色、紫红色、深紫色、蓝紫色等，以深紫红色为最佳，过于淡的紫色则较为平常。

相传酒神巴克斯因与月亮女神黛安娜发生争执而满心愤怒，派凶狠的老虎前去报复，却意外遇上去参见黛安娜的少女阿梅希斯特（Amethyst），黛安娜为避免少女死于虎爪，将她变成洁净无瑕的水晶雕像。在古埃及，人们就使用紫水晶作为宝石，也作为印章珠宝的主石。

● 绘图颜色色阶

● 绘制紫水晶——马眼
　形切割（适用于小克
　拉宝石）

水粉颜料 & 色板

黑色　　　白色　　　紫罗兰色　　普蓝色

工具：铅笔、灰色蜜丹纸、水粉颜料、水彩笔、白色高光笔

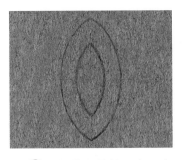

步骤① 用铅笔和模板画出两个同心马眼形轮廓，内马眼形占比50%~60%。

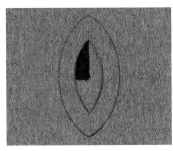

步骤② 用普蓝色均匀地涂内马眼形9点至12点的暗部扇形区域。

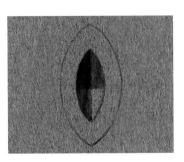

步骤③ 用紫罗兰色均匀地涂内马眼形0点至3点、6点至9点的扇形区域。

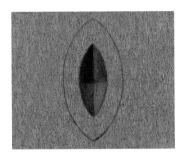

步骤④ 调和紫罗兰色+白色，均匀地涂内马眼形3点至6点的亮部扇形区域。

步骤⑤ 用第3步所调颜色画出暗部（涂于宝石外环，右下角弧面颜色较深，左上角颜色略浅）。

步骤⑥ 用第4步所调颜色画出亮部（涂于宝石外环左上角弧面处）。用微湿的笔晕染，自然过渡，融合周围的颜色。

步骤⑦ 用白色加少许水，在内马眼形内画出射线。

步骤⑧ 画出纯白色马眼形的反光，位于内马眼形右下角亮部的扇形区域，注意此处反光要小于亮面。

步骤⑨ 用白色勾画出内马眼形轮廓。

步骤⑩用白色在与内马眼形边缘相切处画出宝石刻面。画刻面时要注意对称性（上下对称及左右对称）。

步骤⑪找到刻面左上角马眼形区域，并均匀涂满白色。再用POSCA高光笔点出内马眼形的高光。

步骤⑫用白色加少许水，勾画出细线，位于宝石左上角边缘的高光处和右下角边缘的反光处。然后用微湿的笔晕染外环右侧的刻面。因右侧是暗部，所以刻面的白色不宜过亮。

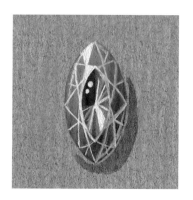

步骤⑬用黑色加少许水画出阴影（涂于宝石外右下角弧面处）。

● 其他琢形紫水晶示例

步骤⑭用亮部颜色加水，涂黑色阴影（因宝石透明，阴影中有宝石本身颜色的反光）。

5.4.7 海蓝宝石——水滴形切割

海蓝宝石
Aquamarine

硬　度：7.5
折射率：1.56~1.60
比　重：2.65~2.80
颜　色：绿蓝色、蓝绿色、
　　　　浅蓝色等
分　布：巴西、肯尼亚、
　　　　马达加斯加等
光　泽：玻璃光泽
透明度：透明

常见琢形

刻面形

珠形

Cartier 海蓝宝石吊坠

海蓝宝石是一种含铍、铝的硅酸盐，英文名 Aquamarine 来源于拉丁语 Aqua Marina，意为"海中的水"，形容这种宝石拥有如水般的蓝绿色。海蓝宝石的颜色为天蓝色至海蓝色或带绿色的蓝色，主要是由于其含微量的二价铁离子。海蓝宝石以明洁无瑕、浓艳的艳蓝色至淡蓝色者为最佳。绿柱石有几种颜色，淡蓝色的叫海蓝宝石，深绿色的叫祖母绿，金黄色的叫金色绿柱石，粉红色的叫摩根石。海蓝宝石的颜色越深、净度越高，单克拉的价值越高。市场上绝大多数海蓝宝石都经过热处理，以去除绿色调，形成稳定的浅蓝色。
公元前 480 年—公元前 300 年，希腊人就在文献中记录了对海蓝宝石的使用，希腊神话中称其为"深海精灵的宝物"，具有抵御风浪，保护水手航海安全的魔力，欧洲人将其制作为海军士兵的护身符。

● 绘图颜色色阶

● 标准刻面线稿绘制步骤

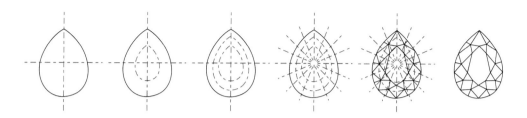

● 绘制海蓝宝石——水滴形切割（适用于小克拉宝石）

水粉颜料 & 色板

黑色　　白色　　湖蓝色　　普蓝色

工具：铅笔、灰色蜜丹纸、水粉颜料、水彩笔、白色高光笔

121

步骤❶ 用铅笔和模板画出两个同心水滴形轮廓，内水滴形占比50%~60%。

步骤❷ 用普蓝色加少量水，均匀地涂内水滴形9点至12点的暗部扇形区域。

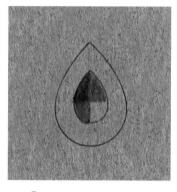

步骤❸ 调和普蓝色+湖蓝色，均匀地涂内水滴形0点至3点、6点至9点的扇形区域。

步骤❹ 调和湖蓝色+白色，均匀地涂内水滴形3点至6点的亮部扇形区域。

步骤❺ 用第3步所调颜色画出暗部（涂于宝石外环，右下角弧面颜色较深，左上角颜色略浅）。

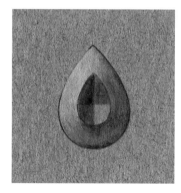

步骤❻ 用第4步所调颜色画出亮部（涂于宝石外环左上角弧面处）。用微湿的笔晕染，自然过渡，融合周围的颜色。

步骤⑦ 用白色加少许水，在内水滴形内画出射线。

步骤⑧ 画出纯白色三角形的反光，位于内水滴形右下角亮部的扇形区域内，注意此处的反光要小于亮面。

步骤⑨ 用白色勾画出内水滴形轮廓。

步骤⑩ 用白色在与内水滴形边缘相切处画出宝石刻面。画刻面时注意其对称性（上下对称及左右对称）。

步骤⑪ 找到刻面左上角的三角形区域，并均匀涂满白色。再用POSCA高光笔点出内水滴形的高光。

步骤⑫ 用白色加少许水勾画出细线，位于宝石左上角边缘的高光处和右下角边缘的反光处。然后用微湿的笔晕染外环右侧的刻面。因右侧是暗部，所以刻面的白色不宜过亮。

● 其他琢形海蓝宝石示例

步骤⑬ 用黑色加少许水画出阴影（涂于宝石外右下角弧面处）。

步骤⑭ 用亮部颜色加少许水，涂黑色阴影（因宝石透明，阴影中有宝石本身颜色的反光）。

Tips:

海蓝宝石的颜色色调偏灰，可以用黑色加少许水绘制。

摩根石
Morganite

硬　　度：7.5
折射率：1.56~1.60
比　　重：2.71~2.90
颜　　色：橙红色、紫红色、
　　　　　桃红色等
分　　布：巴西、美国、俄
　　　　　罗斯等
光　　泽：玻璃光泽
透明度：透明

常见琢形

刻面形

Tiffany 摩根石项链

摩根石是祖母绿和海蓝宝石的姻亲，粉色绿柱石亦称摩根石。英文名称为 Morganite，是以美国著名的金融家 J.Pierpont Morgan 命名的。

摩根石的颜色有粉红色、浅橙红色到紫红色、玫瑰色、桃红色。因其含有锰元素才得以呈现出如此亮丽的粉红色。从不同的角度观察，可发现摩根石呈现出偏向浅粉红和深粉红带微蓝色这两种精致、微妙的色彩。由于产量稀少且颜色娇艳可人，这种独特的洋红色宝石价值很高，优质的价格更在普通品质的祖母绿之上。

● 绘图颜色色阶

123

● 绘制摩根石——水滴形切割（适用于小克拉宝石）

水粉颜料 & 色板

黑色　　白色　　熟褐色　　土红色（赭石色）

工具：铅笔、灰色蜜丹纸、水粉颜料、水彩笔、白色高光笔

步骤① 用铅笔和模板画出两个同心水滴形轮廓，内水滴形占比50%~60%。

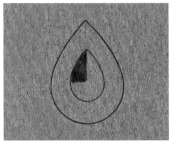

步骤② 用熟褐色均匀地涂内水滴形9点至12点的暗部扇形区域。

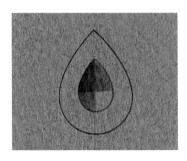

步骤③ 调和土红色+白色（加水），均匀地涂内水滴形0点至3点、6点至9点的扇形区域。

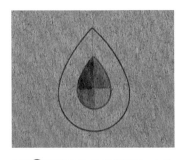

步骤④ 用第3步的颜料再加少许白色，均匀地涂内水滴形3点至6点的亮部扇形区域。

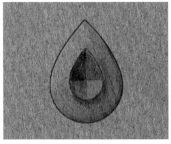

步骤⑤ 用第3步所调颜色画出暗部（涂于宝石外环，右下角弧面颜色较深，左上角颜色略浅）。

步骤⑥ 用第4步所调颜色画出亮部（涂于宝石外环左上角弧面处）。用微湿的笔晕染，自然过渡，融合周围的颜色。

步骤⑦ 用白色加少许水，在内水滴形内画出射线。

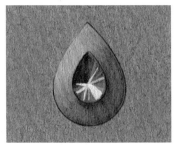

步骤⑧ 画出纯白色三角形的反光，位于内水滴形右下角亮部的扇形区域，注意此处反光要小于亮面。

步骤⑨ 用白色勾画出内水滴形轮廓。

步骤⑩ 用白色在与内水滴形边缘相切处画出宝石刻面。画刻面时要注意对称性（上下对称及左右对称）。

步骤⑪ 找到刻面左上角的三角形区域，并均匀涂满白色。再用POSCA高光笔点出内水滴形的高光。

步骤⑫ 用白色加少许水，勾画出细线，位于宝石左上角边缘的高光处和右下角边缘的反光处。然后用微湿的笔晕染外环右侧的刻面。因右侧是暗部，所以刻面的白色不宜过亮。

步骤⑬ 用黑色加少许水，画出阴影（涂于宝石外右下角弧面处）。

步骤⑭ 用亮部颜色加水，涂黑色阴影（因宝石透明，阴影中有宝石本身颜色的反光）。

Boucheron Plume de Paon 摩根石戒指

5.4.9 祖母绿——祖母绿切割

祖母绿
Emerald

硬　　度：7.5~8
折射率：1.57~1.60
比　　重：2.65~2.80
颜　　色：绿色、深绿色、
　　　　　鲜绿色、蓝绿色
　　　　　等
分　　布：哥伦比亚、赞比
　　　　　亚、巴西、俄罗
　　　　　斯等
光　　泽：玻璃光泽
透明度：透明、不透明

常见琢形

刻面形

弧面形

珠形

异形雕件

祖母绿是最贵重的绿色宝石，被称为绿宝石之王，属于绿柱石家族，由于含有微量的铬而呈艳绿色，宝石学家们用 Emerald Green 来描述这种独一无二的色彩。Emerald 一词来源于自希腊语 Smaragdos，意思是"绿色的石头"。除了具有鲜艳的色彩，祖母绿另一个最大的特征是有丰富的包裹体，鲜有内部完全纯净的大颗粒产出，主要是受到着色成分和矿物生长环境的影响。由于内含物很多，宝石学家会将一颗祖母绿的内部描述为 Jardin，在法语中是"花园"的意思。天然祖母绿存在很多裂隙，并且具有很强的脆性，为了改善净度和降低加工切磨的风险，祖母绿原石往往一经开采就会被浸入无色雪松油中。这种被称为浸油的处理方式，是唯一被宝石学家接受和认可的天然优化方式。几乎大部分祖母绿都经过浸油处理，微油（Insignificent）和少油（Minor）都是可以被接受的处理等级。

1. 祖母切工

祖母绿也代表一种切工，典型的是阶梯琢形，这是因为祖母绿原石大部分都是六边形的圆柱体，为了切割出最大的总量，损失最小。其次，祖母绿易裂、脆性高，而祖母绿形切工在镶嵌时常用方爪，可以分散压强，降低对宝石的损坏风险，因此被广泛应用到祖母绿上，故而得名。

2. 达碧兹祖母绿

达碧兹祖母绿（Trapiche Emerald）不是一种宝石，而是一种宝石特殊的生长现象。其特点是石体横切面有六角形的黑色条纹，从中央向外辐射，中间还可以有六角形透明或呈黑色的芯。最著名的达碧兹结构出现在祖母绿中，其中海蓝宝石、红宝石、蓝宝石、碧玺、水晶、红柱石、堇青石等都可能出现达碧兹结构现象。

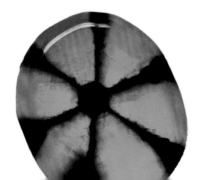

● 标准刻面线稿绘制步骤

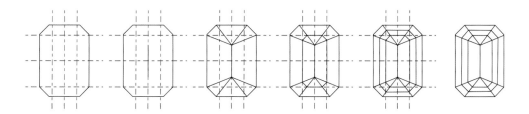

● 绘图颜色色阶

● 绘制祖母绿——祖母绿切
　　割（适用于小克拉宝石）

水粉颜料 & 色板

黑色　　　白色　　　翠绿色

工具：铅笔、灰色蜜丹纸、水粉颜料、水彩笔、白色高光笔

步骤❶用铅笔和模板画出3个同心祖母绿形轮廓，内祖母绿形占比50%和75%左右。

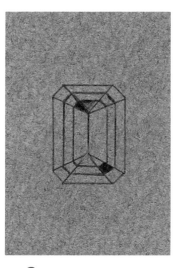

步骤❷调和翠绿色＋黑色（少量），均匀地涂上图所示的区域。

步骤❸用翠绿色涂宝石中上图所示的区域。

步骤④ 调和翠绿色+白色（少量），涂于上图所示的区域内。

步骤⑤ 用第5步所调的颜料加白色（少量），涂抹上图所示的区域。用微湿的笔晕染，自然过渡，融合红色和绿色相交的部分。

步骤⑥ 画出纯白色的区域。

步骤⑦ 用白色勾画出第1步铅笔所画的轮廓线。

步骤⑧ 用白色加少许水，画出两条平行于台面的反光线。再用POSCA高光笔点出内祖母绿形的高光。

步骤⑨ 用黑色加少许水画出阴影（涂于宝石外右下角处）。

步骤⑩ 用亮部颜色加水涂黑色阴影（因宝石透明，阴影中有宝石本身颜色的反光）。

Cartier 祖母绿异形切割戒指

西瓜碧玺
Watermelon Tourmaline

又　　称：西瓜电气石
硬　　度：7.5
折射率：1.62~1.64
比　　重：3.06
颜　　色：红绿双色
分　　布：南非、非洲东部、
　　　　　巴西等
光　　泽：玻璃光泽
透明度：透明

常见琢形

刻面形

异形雕刻

珠形

Leviev 西瓜碧玺原石戒指

西瓜碧玺是碧玺的一种，西瓜碧玺又称"西瓜电气石"。碧玺的颜色很丰富，几乎包含各种颜色，但其中有一种同时具有绿色和红色，绿色在外围，红色在中心，就像西瓜一样，外面是绿色的，里面的芯是红色的，所以称为"西瓜碧玺"。最好的西瓜碧玺原矿要求纵轴轴心是红色的，而轴心外沿是绿色的。从净度看，晶体通透无瑕，无明显的冰裂纹和杂质的西瓜碧玺才是最好的。

● 绘图颜色色阶

● 绘制西瓜碧玺——祖母绿切割

水粉颜料 & 色板

黑色　　白色　　翠绿色　玫瑰红色　熟褐色

工具：铅笔、灰色蜜丹纸、水粉颜料、水彩笔、白色高光笔

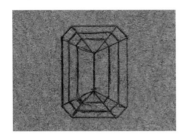

步骤❶用铅笔和模板画出3个同心祖母绿形轮廓，内祖母绿形占比在50%和75%左右。

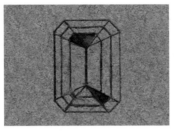

步骤❷调和熟褐色+玫瑰红色，均匀地涂在宝石左上角暗部的三角形区域内。调和翠绿色+熟褐色，均匀地涂在宝石右下角的三角形区域内。

步骤❸用玫瑰红色填涂宝石右上角的区域；用翠绿色填涂宝石右下角的区域。

步骤❹调和玫瑰红色+白色（少量），填涂上图所示的区域内。用翠绿色填涂上图所示的区域。用微湿的笔晕染，自然过渡，融合红色和绿色相交部分的颜料。

步骤❺用第4步所调的颜料加白色（少量），填涂上图所示的区域。用微湿的笔晕染，自然过渡，融合红色和绿色相交部分的颜料。之后画出纯白色的区域。

步骤❻用白色勾画出第1步铅笔所画的轮廓线。

步骤❼用白色加少许水，画出两条平行于台面的反光线。再用POSCA高光笔点出内祖母绿形的高光。

步骤❽用黑色加少许水画出阴影（涂于宝石外右下角处）。

步骤❾用亮部颜色加水涂黑色阴影（因宝石透明，阴影中有宝石本身颜色的反光）。

130

帕拉伊巴碧玺
Paraiba Tourmaline

硬　度：7~7.5
折射率：1.62~1.64
比　重：3.06
颜　色：鲜艳的蓝色、蓝
　　　　绿色、霓虹电光
　　　　色等
分　布：巴西、尼日利亚、
　　　　莫桑比克等
光　泽：玻璃光泽
透明度：透明

常见琢形

Tiffany 帕拉伊巴碧玺戒指

刻面形

帕拉伊巴碧玺是 1989 年于巴西帕拉伊巴州产出的绿蓝色（蓝色调）电气石，属于电气石（碧玺）的一种。帕拉伊巴碧玺的颜色主要为从绿色到蓝色的各种色调，绿色品种颜色深至近乎祖母绿色，但更为稀有的是亮蓝色品种，呈现明亮的土耳其蓝色，色泽非常独特。由于它拥有一种独特的电光蓝绿色和荧光效果等迷人特征，被人们尊称为"碧玺之王"，人们称这种颜色为"电气蓝"或"霓虹蓝"（Neon Color）。

帕拉伊巴碧玺是最贵重的碧玺品种，颜色是最重要的影响因素，饱和度高而明亮的蓝色是最受欢迎的。由于帕拉伊巴碧玺多裂隙，完全洁净无裂的宝石要昂贵很多。

● 绘图颜色色阶

131

Van Cleef & Arpels 帕拉伊巴碧玺戒指

● 标准刻面线稿绘制步骤

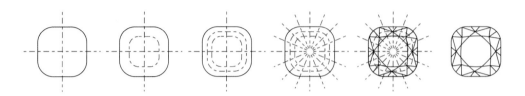

● 绘制帕拉伊巴碧
玺——枕垫形切
割（适用于小克
拉宝石）

水粉颜料 & 色板

黑色　　　白色　　　粉绿色　　　湖蓝色　　　普蓝色

工具：铅笔、灰色蜜丹纸、水粉颜料、水彩笔、白色高光笔

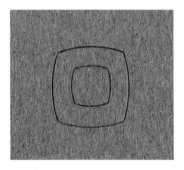

步骤① 用铅笔和模板画出两个同心枕形轮廓，内枕形占比在50%~60%。

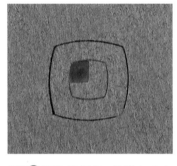

步骤② 调和粉绿色+普蓝色（少量），均匀地涂抹内枕形9点至12点的暗部扇形区域。

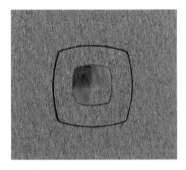

步骤③ 颜料粉绿色+湖蓝色，均匀地涂抹内枕形0点至3点、6点至9点的扇形区域。

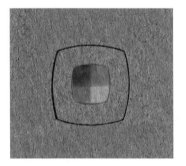

步骤④ 用第3步所调和的颜料加白色，均匀地涂抹内枕形3点至6点的亮部扇形区域。

步骤⑤ 用第3步所调的颜色画出暗部（涂于宝石外环，右下角弧面颜色较深，左上角颜色略浅）。

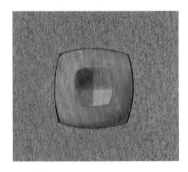

步骤⑥ 用第4步所调的颜色画出亮部（涂于宝石外环左上角弧面处）。用微湿的笔晕染，自然过渡，融合周围的颜色。

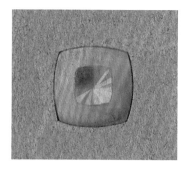

步骤7 用白色加少许水，在内枕形内画出射线。

步骤8 画出纯白色三角形的反光，反光位于内枕形右下角亮部的扇形区域内。注意：此处反光要小于亮面。

步骤9 用白色勾画出内枕形轮廓。

步骤10 用白色在与内枕形边缘相切处画出宝石刻面。画刻面时要注意对称性（上下对称及左右对称）。

步骤11 找到刻面左上角的三角形区域，并均匀涂满白色。再用POSCA高光笔点出内枕形的高光。

步骤12 用白色加少许水，勾画出细线，其位于宝石左上角边缘的高光处和右下角边缘的反光处。然后用微湿的笔晕染外环右侧的刻面。因右侧是暗部，所以刻面的白色不宜过亮。

步骤13 用黑色加少许水画出阴影（涂于宝石外右下角弧面处）。

步骤14 用亮部颜色加水，涂黑色阴影（因宝石透明，阴影中有宝石本身颜色的反光）。

5.4.12 绝地武士尖晶——枕垫形切割

绝地武士尖晶石

Jedi Spinel

又　称：热粉色尖晶石
硬　度：8
折射率：1.72~1.73
比　重：3.61~3.67
颜　色：霓虹粉色、粉红
色、暗红色等
分　布：缅甸、坦桑尼亚、
越南等
光　泽：玻璃光泽
透明度：透明

常见琢形

刻面形

绝地武士是给某一种特定颜色尖晶石的命名，不过该命名存在的历史并不长，是美国 GIA 宝石学家 Vincent P. 在 2015 年确定的。该名称特指色彩浓郁、纯正、饱和度高、没有任何暗色调的带霓虹特征的粉红色尖晶石，也有一个更通俗的名称为热粉色尖晶石。

一般红色尖晶石会带有暗红色调，而绝地武士尖晶石中，铬离子含量高，铁离子含量少，主要致色元素为铬，所以才会呈现带有霓虹色调的艳丽粉色，且没有暗红色的区域。在紫光灯下可以看见绝地武士尖晶石有强烈的荧光反应。

绝地武士尖晶石原石

● 绘图颜色色阶

● 绘制绝地武士尖晶石
——枕垫形切割（适用
于小克拉宝石）

水粉颜料 & 色板

黑色　　白色　　玫瑰红色　深红色

工具：铅笔、灰色蜜丹纸、水粉颜料、水彩笔、白色高光笔

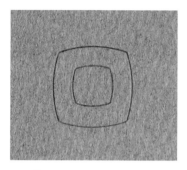

步骤①用铅笔和模板画出两个同心枕形轮廓，内枕形占比在50%~60%。

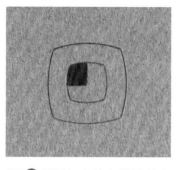

步骤②用深红色均匀地涂抹内枕形9点至12点的暗部扇形区域。

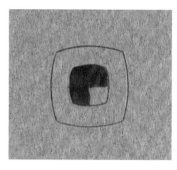

步骤③调和玫瑰红色+深红色（少量），均匀地涂抹内枕形0点至3点、6点至9点的扇形区域内。

步骤④调和玫瑰红色+白色，均匀地涂抹内枕形3点至6点的亮部扇形区域。

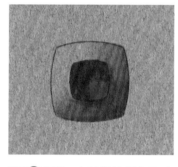

步骤⑤用第3步所调的颜色画出暗部（涂于宝石外环，右下角弧面颜色较深，左上角颜色略浅）。

步骤⑥用第4步所调的颜色画出亮部（涂于宝石外环左上角弧面处）。用微湿的笔晕染，自然过渡，融合周围的颜色。

步骤⑦用白色加少许水，在内枕形内画出射线。

步骤⑧画出纯白色三角形的反光，位于在内枕形右下角亮部的扇形区域内，注意此处反光要小于亮面。

步骤⑨用白色勾画出内枕形轮廓。

步骤⑩用白色在与内枕形边缘相切处画出宝石刻面。画刻面时要注意对称性（上下对称及左右对称）。

步骤⑪找到刻面左上角的三角形区域，并均匀涂满白色。再用POSCA高光笔点出内枕形的高光。

步骤⑫用白色加少许水，勾画出细线，其位于宝石左上角边缘的高光处和右下角边缘的反光处。然后用微湿的笔晕染外环右侧的刻面。因右侧是暗部，所以刻面的白色不宜过亮。

步骤⑬用黑色加少许水画出阴影（涂于宝石外右下角弧面处）。

步骤⑭用亮部颜色加水涂黑色阴影（因宝石透明，阴影中有宝石本身颜色的反光）。

绝地武士尖晶石原石

坦桑石

Tanzanite

硬　　度：6.5
折射率：1.69~1.70
比　　重：3.15~3.38
颜　　色：蓝紫色、蓝色、
　　　　　紫罗兰色等
分　　布：坦桑尼亚、美国、
　　　　　墨西哥等
光　　泽：玻璃光泽
透明度：透明

常见琢形

刻面形

Capu "角斗士·大鹿头" 坦桑石吊坠
（作者自有品牌）

1967 年，人们在非洲的坦桑尼亚发现了蓝色黝帘石，它出产于坦桑尼亚北部城市阿鲁沙附近，世界著名旅游景点乞力马扎罗山脚下。迄今为止，这是世界上唯一的坦桑石宝石级产地。1969 年，美国的 Tiffany 公司就以出产国的名称来命名这种宝石——坦桑石（Tanzanite），并把它迅速推向国际珠宝市场。它拥有媲美蓝宝石的色彩，所以备受市场的欢迎。

坦桑石因为含有钒和铬而呈现紫罗兰色到蓝色的色彩，含钒多呈蓝色，含铬多就会呈现紫罗兰色。颜色是有色宝石价值的重要因素，坦桑石最为吸引人的是它浓郁略带紫色调的蓝色，这种蓝色是最高品质的蓝宝石所具有的颜色，因此受到众人的喜爱，构成坦桑石颜色评价的主要方面是它的色调和浓度。

● 绘图颜色色阶

● 标准刻面线稿绘制步骤

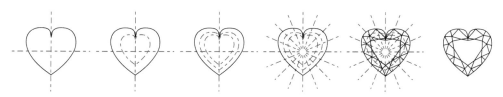

● 绘制坦桑石——心形切割（适用于小克拉宝石）

水粉颜料 & 色板

黑色　　　白色　　　紫色　　　普蓝色　　群青色

工具：铅笔、灰色蜜丹纸、水粉颜料、水彩笔、白色高光笔

步骤① 用铅笔和模板画出两个同心心形轮廓，内心形占比在50%~60%。

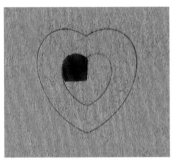

步骤② 用普蓝色均匀地涂内心形9点至12点的暗部扇形区域。

步骤③ 用群青色均匀地涂内心形0点至3点、6点至9点的扇形区域。

步骤④ 调和群青色+白色，均匀地涂内心形3点至6点的亮部扇形区域。

步骤⑤ 用第3步所调颜色加少许紫罗兰色画出暗部（涂于宝石外环，右下角弧面颜色较深，左上角颜色略浅）。

步骤⑥ 用第4步所调颜色，画出亮部（涂于宝石外环左上角弧面处）。用微湿的笔晕染，自然过渡，融合周围的颜色。

步骤⑦ 用白色加少许水，在内心形内画出射线。

步骤⑧ 画出纯白色三角形的反光，位于内心形右下角亮部的扇形区域内，注意此处反光要小于亮面。

步骤⑨ 用白色勾画出内心形轮廓。

步骤⑩ 用白色在与内心形边缘相切处画出宝石刻面。画刻面时要注意对称性（上下对称及左右对称）。

步骤⑪ 找到刻面左上角的三角形区域，并均匀涂满白色。再用POSCA高光笔点出内心形的高光。

步骤⑫ 用白色加少许水，勾画出细线，位于宝石左上角边缘的高光处和右下角边缘的反光处。然后用微湿的笔晕染外环右侧的刻面。因右侧是暗部，所以刻面的白色不宜过亮。

步骤⑬ 用黑色加少许水画出阴影（涂于宝石外右下角弧面处）。

步骤⑪ 用亮部颜色加水涂黑色阴影（因宝石透明，阴影中有宝石本身颜色的反光）。

Tips：

刻面蓝宝石的画法与坦桑石非常相似，只是加入湖蓝色，去掉紫罗兰色，如右图所示。

5.4.14 粉钻——心形切割

粉钻
Faint

硬　度：10
折射率：2.42
比　重：3.52
颜　色：浅粉色、粉红色、
　　　　深粉色等
分　布：澳大利亚、印度、
　　　　坦桑尼亚等
光　泽：金刚光泽
透明度：透明

常见琢形

刻面形

Lot 356，15.56ct 心形粉钻项链

粉钻是指粉色的钻石，因钻石内部的碳原子错位，内部晶格变形，呈现出粉色，但不是采用化学的方式致色。粉色钻石长期以来都被行家视为珍品，全球开采出来的粉钻，只有 10% 左右能够被称作稀世粉钻。

粉色钻石包括：浅紫色调的粉色、粉色、橘黄色调的粉色。美国GIA 将粉色钻石的颜色分级为：微弱的粉色（Faint）、非常浅的粉色（Very Light）、浅粉色（Light）、较浅粉色（Fancy Light）、正常粉色（Fancy）、较深粉色（Facy Intense）、深粉色（Fancy Deep）、鲜亮粉色（Fancy Vivid）。

● **绘图颜色色阶**

● 绘制粉钻——心形切割（适用于小克拉宝石）

水粉颜料 & 色板

黑色　　　白色　　深红色

工具：铅笔、灰色蜜丹纸、水粉颜料、水彩笔、白色高光笔

步骤❶ 用铅笔和模板画出两个同心心形轮廓，内心形占比在50%~60%。

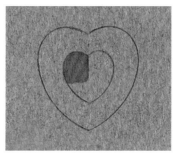

步骤❷ 调和白色+深红色，均匀地涂内心形9点至12点的暗部扇形区域。

步骤❸ 用第2步所调颜色加白色（少量），均匀地涂内心形0点至3点、6点至9点的扇形区域。

步骤❹ 用第3步所调颜色再加白色，均匀地涂内心形3点至6点的亮部扇形区域。

步骤❺ 用第3步所调颜色画出暗部（涂于宝石外环，右下角弧面颜色较深，左上角颜色略浅）。

步骤❻ 用第4步所调颜色画出亮部（涂于宝石外环左上角弧面处）。用微湿的笔晕染，自然过渡，融合周围的颜色。

步骤❼ 用白色加少许水，在内心形内画出射线。

步骤❽ 画出纯白色三角形的反光，位于内心形右下角亮部的扇形区域内，注意此处反光要小于亮面。

步骤❾ 用白色勾画出内心形轮廓。

141

步骤⑩用白色在与内心形边缘相切处画出宝石刻面。画刻面时要注意对称性（上下对称及左右对称）。

步骤⑪找到刻面左上角的三角形区域，并均匀涂满白色。再用POSCA高光笔点出内心形的高光。

步骤⑫用白色加少许水，勾画出细线，位于宝石左上角边缘的高光处和右下角边缘的反光处。然后用微湿的笔晕染外环右侧的刻面。因右侧是暗部，所以刻面的白色不宜过亮。

步骤⑬用黑色加少许水画出阴影（涂于宝石外右下角弧面处）。

步骤⑭用亮部颜色加水，涂黑色阴影（因宝石透明，阴影中有宝石本身颜色的反光）。

Pink Promise 14.93ct 椭圆形粉钻戒指

石榴石
Garnet

外文名：Garnet
硬　度：6.5~7.5
折射率：1.70~1.89
比　重：3.3~4.2
颜　色：红色、橙色、黄色、
　　　　绿色、紫色等
分　布：南非、马达加斯
　　　　加、坦桑尼亚、
　　　　美国等
光　泽：玻璃光泽
透明度：透明、半透明

常见琢形

刻面形

弧面形

珠形

Capu "角斗士·麋鹿" 石榴石吊坠、胸
针两用饰品（作者自有品牌）

石榴石，中国古时称为"紫牙乌"，在青铜时代就已经开始使用。石榴石的英文 Garnet 来自拉丁文 granatus，意为"谷物"，它是一种有红色种子的植物，其形状、大小及颜色都与部分石榴石结晶类似。石榴石是一个大家族，除常见的石榴石呈红色，还有其他颜色，如绿色的翠榴石和沙弗莱、橙色的芬达石，颜色漂亮的价格不菲。石榴石是 1 月份的生辰石，象征着忠实和友爱。
石榴石被分为两大类：铝榴石（红榴石、铁铝榴石、锰铝榴石）和钙榴石（钙铁榴石、钙铝榴石、钙铬榴石），具体如下。

1.铁铝榴石是产量最高的石榴石，颜色为带棕色调的红色至带紫色调的红色。

2.镁铝榴石（即红榴石）是铝榴石中产量最少的一种。镁铝榴石总会含有微量元素，从而颜色呈现红色至带紫色调的红色，红色由微量的铬或铁致色。

3. 锰铝榴石产自伟晶岩，纯净的锰铝榴石呈现十分美丽的从黄色到橘色的色彩，也被称为"芬达石"，是一种明显受到追捧并且价值较高的宝石。

4. 钙铝榴石中包含 3 个主要类别：棕黄色至棕红色的被称为"桂榴石"，产自变质石灰岩；亮蓝绿色至黄绿色的被称为"沙弗莱"，呈此颜色是因为含有微量铬和钒；还有一种化学式中含有水或氢的，被称为"水钙铝榴石"，颜色有绿色、粉红色、灰色调的白色至棕色等，经常被加工成弧面宝石、珠子及雕刻品，价值较低。

5. 钙铁榴石中最重要的宝石级类别是翠榴石，这种宝石具有 1.89 的超高折射率，具有钻石一样的光芒，最著名的产地为俄罗斯的乌拉尔山脉，标志性特征为具有马尾一样的包裹体。翠榴石也是最娇贵的石榴石品种。

6. 钙铬榴石的晶体都非常小，直径在 1mm 以下，几乎没有出现过宝石级别的产出，颜色如同祖母绿，被描述为 Emerald-green。

● 绘图颜色色阶

● 标准刻面线稿绘制步骤

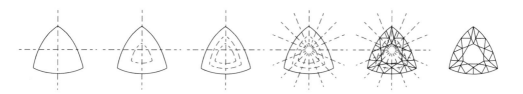

● 绘制石榴石——三角形
切割（适用于小克拉宝
石）

水粉颜料 & 色板

黑色　　白色　　玫瑰红色　　熟褐色　　紫罗兰色

工具：铅笔、灰色蜜丹纸、水粉颜料、水彩笔、白色高光笔

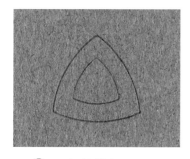

步骤① 以绘制镁铝石榴石为例，用铅笔和模板画出两个同心三角形轮廓，内三角形占比在50%~60%。

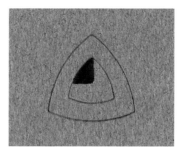

步骤② 用熟褐色均匀地涂内三角形9点至12点的暗部扇形区域。

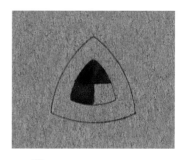

步骤③ 用玫瑰红色均匀地涂内三角形0点至3点、6点至9点的扇形区域。

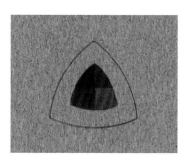

步骤④ 调和玫瑰红色+白色，均匀地涂内三角形3点至6点的亮部扇形区域。

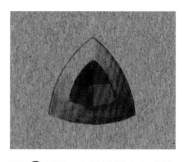

步骤⑤ 用第3步所调颜色加少许紫罗兰色画出暗部（涂于宝石外环，右下角弧面颜色较深，左上角颜色略浅）。

步骤⑥ 用第4步所调颜色加少许紫罗兰色画出亮部（涂于宝石外环左上角弧面处）。用微湿的笔晕染，自然过渡，融合周围的颜色。

步骤⑦ 用白色加少许水，在内三角形内画出射线。

步骤⑧ 画出纯白色三角形的反光，位于内三角形右下角亮部的扇形区域内，注意此处反光要小于亮面。

步骤⑨ 用白色勾画出内三角形轮廓。

步骤⑩ 用白色在与内三角形边缘相切处画出宝石刻面。画刻面时要注意对称性（上下对称及左右对称）。

步骤⑪ 找到刻面左上角的三角形区域，并均匀涂满白色。再用POSCA高光笔点出内三角形的高光。

步骤⑫ 用白色加少许水，勾画出细线，位于宝石左上角边缘的高光处和右下角边缘的反光处。然后用微湿的笔晕染外环右侧的刻面。因右侧是暗部，所以刻面的白色不宜过亮。

步骤⑬ 用黑色加少许水画出阴影（涂于宝石外右下角弧面处）。

步骤⑭ 用亮部颜色加水，涂黑色阴影（因宝石透明，阴影中有宝石本身颜色的反光）。

● 水滴形石榴石示例

橄榄石
Peridot

硬　　度：6.5~7
折射率：1.654~1.690
比　　重：3.32~3.37
颜　　色：黄绿色、绿色、
　　　　　橄榄绿色等
分　　布：巴西、美国、加
　　　　　拿大等
光　　泽：玻璃光泽
透明度：透明、半透明

常见琢形

刻面形

Cartier 橄榄石戒指

橄榄石是镁铁质矿物的一种，是少有的一种绿颜色的宝石，颜色被称为 Olive Green，最好的橄榄石具有一种鲜艳的油绿色。橄榄石大约是在 3500 年前，在古埃及领土圣·约翰岛被发现的。在耶路撒冷的一些神庙中至今还有几千年前镶嵌的橄榄石。

● 绘图颜色色阶

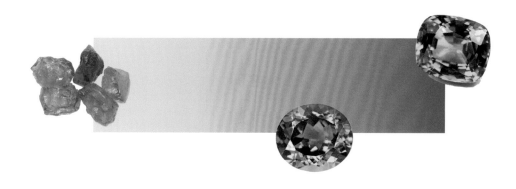

● 绘制橄榄石——三角形切割（适用于小克拉宝石）

水粉颜料 & 色板

黑色　　黑色　　橄榄绿色　　柠檬黄色

工具：铅笔、灰色蜜丹纸、水粉颜料、水彩笔、白色高光笔

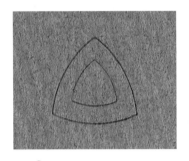

步骤❶ 用铅笔和模板画出两个同心三角形轮廓，内三角形占比在50%~60%。

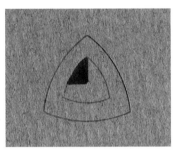

步骤❷ 用橄榄绿色均匀地涂内三角形9点至12点的暗部扇形区域。

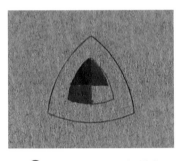

步骤❸ 调和橄榄绿色+柠檬黄色（少量），均匀地涂内三角形0点至3点、6点至9点的扇形区域。

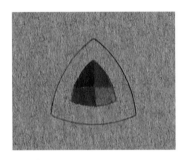

步骤❹ 用第3步所调颜料加白色（少量），均匀地涂内三角形3点至6点的亮部扇形区域。

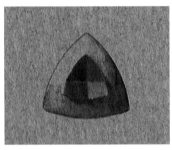

步骤❺ 用第3步所调颜色画出暗部（涂于宝石外环，右下角弧面颜色较深，左上角颜色略浅）。

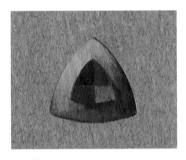

步骤❻ 用第4步所调颜色画出亮部（涂于宝石外环左上角弧面处）。用微湿的笔晕染，自然过渡，融合周围的颜色。

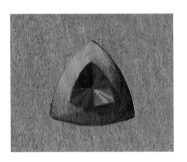

步骤❼ 用白色加少许水，在内三角形内画出射线。

步骤❽ 画出纯白色三角形的反光，位于内三角形右下角亮部的扇形区域内，注意此处反光要小于亮面。

步骤❾ 用白色勾画出内三角形轮廓。

步骤⑩用白色在与内三角形边缘相切处画出宝石刻面。画刻面时要注意对称性（上下对称及左右对称）。

步骤⑪找到刻面左上角的三角形区域，并均匀涂满白色。再用POSCA高光笔点出内三角形的高光。

步骤⑫用白色加少许水，勾画出细线，位于宝石左上角边缘的高光处和右下角边缘的反光处。然后用微湿的笔晕染外环右侧的刻面。因右侧是暗部，所以刻面的白色不宜过亮。

步骤⑬用黑色加少许水画出阴影（涂于宝石外右下角弧面处）。

步骤⑭用亮部颜色加水涂黑色阴影（因宝石透明，阴影中有宝石本身颜色的反光）。

149

5.4.17 黄钻——公主方形切割

黄钻
Yellow Diamond

硬　度：10
折射率：2.42
比　重：3.52
颜　色：黄色、浅黄色、
　　　　金黄色等
分　布：非洲南中部等
光　泽：金刚光泽
透明度：透明

常见琢形

刻面形

Tiffany 传奇黄钻

黄钻是彩色钻石的一种，是含氮元素的钻石，颜色为黄色，产出极为稀少，身价很高。虽然黄钻在世界各地都可以找到，但因为其产量极为稀少、颜色鲜艳，深得收藏家的青睐。

对于白钻的颜色描述，从 D 到 Z 表示的是不带黄色的相对程度，只有超过 Z 色的黄才能称为 Fancy（彩）。一般彩钻级别的黄色钻石，从低到高依次为：Fancy Light Yellow（淡彩黄）、Fancy Yellow（彩黄）、Fancy Intense Yellow（浓彩黄）、Fancy Deep Yellow（深彩黄）、Fancy Vivid Yellow（艳彩黄）。虽然黄钻较为常见，但达到艳彩级别的黄钻却极为稀少。据美国宝石协会统计，其鉴定的黄钻中，只有不足 5% 为艳彩黄钻。

● 绘图颜色色阶

● 标准刻面线稿绘制步骤

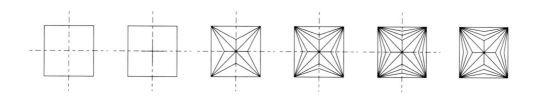

● 绘制黄钻

水粉颜料 & 色板

黑色　　白色　　柠檬黄色　　土黄色　　熟褐色

工具：铅笔、灰色蜜丹纸、水粉颜料、水彩笔、白色高光笔

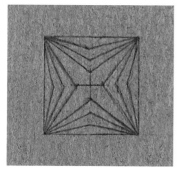

步骤① 用铅笔和模板画出公主方形轮廓线和刻面线。

步骤② 用熟褐色均匀地涂上图所示的区域。

步骤③ 调和土黄色+熟褐色（少量），均匀地涂上图所示的区域。

步骤④ 用土黄色均匀地涂上图所示的区域。

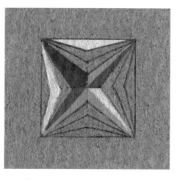

步骤⑤ 调和柠檬黄色+白色，均匀地涂上图所示的区域。

步骤⑥ 调和土黄色+白色（少量），均匀地涂上图所示的区域。

步骤⑦ 用熟褐色均匀地涂上图所示的区域。

步骤⑧ 用白色均匀地涂上图所示的区域。

步骤⑨ 用白色勾画出第1步铅笔所画的轮廓线。

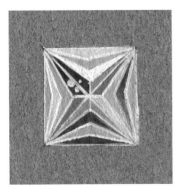

步骤⑩ 用POSCA高光笔点出公主方形的高光。

步骤⑪ 用黑色加少许水画出阴影（涂于宝石外右下角处）。

步骤⑫ 用亮部颜色加水，涂黑色阴影（因宝石透明，阴影中有宝石本身颜色的反光）。

● **公主方形切割黄钻示例**

5.5 珠形宝石

珠形（Beaded Cut）宝石是指原石、刻面或非刻面宝石，通过打孔通心穿过的珠子，常用于手串、项链、吊坠等，其中最为常见的形态为球体（圆珠），例如珍珠、砗磲珠、珊瑚珠等。

上图为球体（圆珠）的素描关系分析图。光线从左上角 45° 方向投射在圆珠上，左上角受光面为亮面，右下角背光面为暗面，最暗的弧面是明暗交替处，注意在右下角圆珠边缘处有地面反光。

5.5.1 珍珠——白珍珠、粉珍珠、金珍珠、异形珍珠、黑珍珠

珍珠
Pearl

硬　　度: 2.5~4.5
折射率: 1.530~1.685
比　　重: 2.60~2.78
颜　　色: 白色、粉色、黄色、黑色等
分　　布: 中国、日本、环太平洋和南太平洋等国家和地区
光　　泽: 珍珠光泽
透明度: 不透明、半透明

Tasaki Woven 白色淡水珍珠指间戒指

珍珠的英文是 Pearl，来源于拉丁语 Perula，而珍珠在波斯语中的原意为"大海之骄子"。珍珠是一种古老的有机宝石，产于珍珠贝类和珠母贝类软体动物的体内，是非均质集合体。

正所谓"珠光宝气"，光泽是珍珠的灵魂，无光或少光的珍珠就缺少了灵气。珍珠具有的这种光泽是由珍珠质层的片状晶体边缘发生衍射形成的。珍珠的颜色有很多（如下图所示），包括：白色、粉红色、黄色、紫色、灰色、黑色等。珍珠的价值由光泽、颜色、形状、大小等多个元素决定，珠层越厚、光泽越强的为佳品。

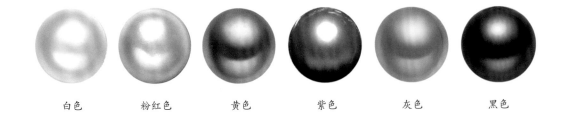

| 白色 | 粉红色 | 黄色 | 紫色 | 灰色 | 黑色 |

珍珠的分类方法有很多，可以从以下几个方面进行分类。

按成因和水域划分

1. 天然珍珠（Natural Pearl）：包括天然海水珠和天然淡水珠。

2. 养殖珍珠（Cultured Pearl）：在珍珠贝的体内植入细胞小片（或者是珠核 + 细胞小片），经过一定的时间培育出来的珍珠称为"养殖珍珠"，包括海水养殖珍珠和淡水养殖珍珠两种。

按形态划分

1.圆珠：指形态为圆形的珍珠，按圆度分为 3 种，即正圆珠、圆珠和近圆珠。正圆珠是圆度最好的，商业上也称为走盘珠。

圆珠

2.马贝珠：是一种半边珍珠，也称 Mabe 珠、馒头珠和半圆珠。

马贝珠

侧视图形状

3.异形珠：也称为巴洛克珠（Baroque pearl），指除圆珠、椭圆形珠、马贝珠以外其他形态各异的珍珠。

异形珍珠

此外，常见的还有椭圆形、梨形和水滴形的珍珠。

椭圆形

梨形

水滴形

● 绘制白珍珠

淡水珍珠绝大多数来自中国，产量占全世界的 80%。淡水珍珠产量较高，一个珠蚌可产多颗珍珠，成本相对较低。

● 绘图颜色色阶

● **绘制白珍珠**

水粉颜料 & 色板

黑色　　　白色

工具：铅笔、灰色蜜丹纸、水粉颜料、水彩笔、白色高光笔

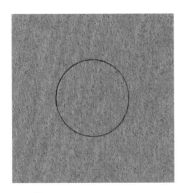

步骤① 用铅笔和模板画圆。

步骤② 用白色加少许水，均匀地涂珍珠整个表面。

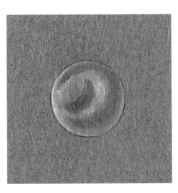

步骤③ 用黑色加少许水画出暗部（涂于珍珠明暗交替线位置）。用微湿的笔晕染，自然过渡，融合周围的颜色。

步骤④ 用白色加少许水画出亮部（涂于珍珠左上角弧面处）。用微湿的笔晕染，自然过渡，融合周围的颜色。

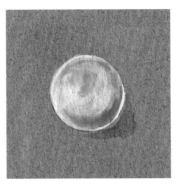

步骤⑤ 用白色加少许水，勾画出细线，位于珍珠左上角边缘的高光处和右下角边缘的反光处。

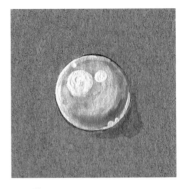

步骤⑥ 用POSCA高光笔点出高光。用黑色加少许水，画出阴影（涂于宝石外右下角弧面处）。

Tips:

通常珍珠是球体，具有珍珠层和珍珠光泽。所以将高光绘制成大圆和小圆，也会显得圆润。

● 绘制粉珍珠

Akoya珍珠产自日本南部沿海港湾地区，该品种颗颗精圆、光泽强烈，颜色多为粉红色、银白色，一般直径为6mm~9mm。

● 绘图颜色色阶

水粉颜料 & 色板

黑色　　　白色　　　大红色

工具：铅笔、灰色蜜丹纸、水粉颜料、水彩笔、白色高光笔

157

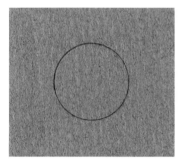

步骤① 用铅笔和模板画圆。

步骤② 调和白色+大红色（少量），均匀地涂珍珠整个表面。

步骤③ 在第2步调和的颜料中加少许大红色，画出暗部（涂于珍珠明暗交替线位置）。用微湿的笔晕染，自然过渡，融合周围的颜色。

步骤④ 用白色加少许水画出亮部（涂于珍珠左上角弧面处）。用微湿的笔晕染，自然过渡，融合周围的颜色。

步骤⑤ 用白色加少许水勾画出细线，位于珍珠左上角边缘的高光处和右下角边缘的反光处。

步骤⑥ 用POSCA高光笔点出高光。用黑色加少许水，画出阴影（涂于珍珠外右下角弧面处）。

● 绘制金珍珠

南洋珍珠是指产于南太平洋海域沿岸国家，包括澳大利亚、菲律宾、印度、印度尼西亚、泰国等的珍珠，浓艳的正色南洋珍珠被认为是最稀少和最有价值的珍珠。

水粉颜料 & 色板

黑色　　黑色　　土红色（赭石色）　土黄色　柠檬黄色

工具：铅笔、灰色蜜丹纸、水粉颜料、水彩笔、白色高光笔

● 绘图颜色色阶

步骤① 用铅笔和模板画圆形轮廓。

步骤② 调和土黄色+柠檬黄色（加水），均匀地涂圆形轮廓内的区域。

步骤③ 用土红色（加水）画出暗部（涂于珍珠明暗交替线位置）。用微湿的笔晕染，自然过渡，融合周围的颜色。

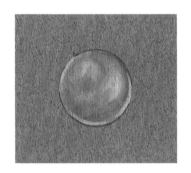

步骤④ 调和土黄色+白色（加水），画出亮部（涂于珍珠左上角弧面处）。用微湿的笔晕染，自然过渡，融合周围的颜色。

步骤⑤ 用白色加少许水勾画出细线，位于珍珠左上角边缘的高光处和右下角边缘的反光处。

步骤⑥ 用POSCA高光笔点出高光。用黑色加少许水，画出阴影（涂于珍珠外右下角弧面处）。

● 绘制异形珍珠

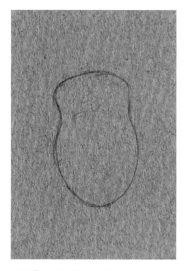

步骤① 用铅笔和模板画出异形珍珠轮廓。

步骤② 调和土黄色+柠檬黄色（加水），均匀地涂异形珍珠轮廓内的区域。

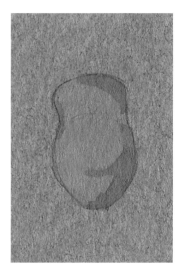

步骤③ 用土红色加少许水，画出暗部（涂于珍珠右侧）。用微湿的笔晕染，自然过渡，融合周围的颜色。

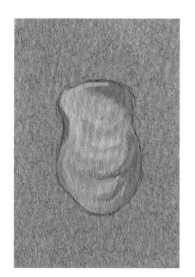

步骤④ 调和土黄色+白色（加水），画出亮部（涂于珍珠左侧）。用微湿的笔晕染，自然过渡，融合周围的颜色。

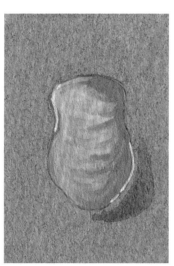

步骤⑤ 用白色加少许水勾画出细线，位于珍珠左上角边缘的高光处和右下角边缘的反光处。

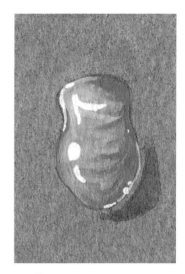

步骤⑥ 用POSCA高光笔点出高光。用黑色加少许水，画出阴影（涂于珍珠外右下角弧面处）。

● 绘制黑珍珠

大溪地黑珍珠产于南太平洋法属波利尼希亚群岛。珍珠母体是一种会分泌黑色珍珠质的黑蝶贝。黑珍珠的美在于它浑然天成的黑色基调上具有缤纷的色彩，最被欣赏的是孔雀绿色、浓紫色、海蓝色等彩虹色。

水粉颜料 & 色板

黑色　　白色　　翠绿色　　紫罗兰色

工具：铅笔、灰色蜜丹纸、水粉颜料、水彩笔、白色高光笔

● 绘图颜色色阶

步骤① 用铅笔和模板画圆形轮廓。

步骤② 用黑色加少许水，均匀地涂圆形轮廓内的区域。

步骤③ 再加少许黑色颜料，画出暗部（涂于珍珠明暗交替线位置）。用微湿的笔晕染，自然过渡，融合周围的颜色。

步骤④ 用翠绿色加少许水，自然地点在珍珠上。

步骤⑤ 用紫罗兰色加少许水，自然地点在珍珠上。再用白色加少许水勾画出细线，位于珍珠左上角边缘的高光处和右下角边缘的反光处。

步骤⑥ 用POSCA高光笔点出高光。用黑色加少许水，画出阴影（涂于珍珠外右下角弧面处）。

珊瑚
Coral

硬　　度：3~4
折射率：1.560~1.580
比　　重：1.30~1.50
颜　　色：深红色、红色、
　　　　　粉红色、白色等
分　　布：地中海、中国、
　　　　　日本、夏威夷等
　　　　　国家和地区
光　　泽：蜡光泽、玻璃光
　　　　　泽
透明度：不透明、半透明

常见琢形

弧面形

珠形

Bulgari Diva 高级珠宝腕表
玫瑰金表壳，镶嵌珊瑚、缟玛瑙和钻石

珊瑚的英文为 Coral，源于拉丁语 Corallium。古罗马人认为珊瑚具有防止灾祸、给人智慧、止血和驱热的功能。在中国古代，红珊瑚就被视为祥瑞、幸福之物，代表高贵权势，所以又称为"瑞宝"，是幸福与永恒的象征。

天然红珊瑚是由珊瑚虫堆积而成的，其生长速度极为缓慢，且不可再生。原料光泽暗，抛光后为蜡光泽。珊瑚硬度较低，脆性强，应避免与较硬材质磕碰。红珊瑚色泽喜人，质地莹润，属有机宝石，生长于远离人类活动的 100mm~2000m 的深海中。珊瑚、珍珠、琥珀被并列为三大有机宝石。

珊瑚分为钙质型（包括：红珊瑚、白珊瑚和蓝珊瑚）和角质型（包括：黑珊瑚和金珊瑚）。红珊瑚的颜色多种多样，按颜色分类如下。

AKA（阿卡）：暗红色、深红色，价值最高，多产自日本和中国台湾。

Sadin（沙丁）：鲜红色，市场上常见的正红色，多产自意大利。

MOMO（莫莫）：桃红色、橙红色。

161

Angle Skin：粉红色（常被称为"孩儿面"，也称"天使之面"）。

红珊瑚只生长在三大海峡（中国台湾海峡、日本海峡、波罗地海峡），因受到海域的限制，所以红珊瑚极为珍贵。颜色是珊瑚的魅力所在，珊瑚的颜色越鲜艳，价格越高。用红珊瑚制成的饰品极受收藏者的喜爱，并且精品红珊瑚的增值速度也十分迅速。在东方佛典中也被列为七宝之一，自古即被视为富贵、祥瑞之物。

● 绘图颜色色阶

● 绘制蛋面珊瑚

水粉颜料 & 色板

黑色　　　白色　　　大红色　　　深红色　　　朱红色

工具：铅笔、灰色蜜丹纸、水粉颜料、水彩笔、白色高光笔

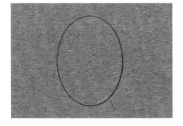

步骤① 用铅笔和模板画出蛋面珊瑚的轮廓。

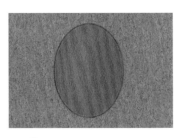

步骤② 调和大红色（少量）+白色，均匀地涂珊瑚轮廓内的区域。

步骤③ 用第2步调和的颜料，再加少许大红色画出暗部（涂于珊瑚右下角弧面处）。用微湿的笔晕染，自然过渡，融合周围的颜色。

步骤④ 用白色加少许水画出亮部（涂于珊瑚左上角弧面处）。用微湿的笔晕染，自然过渡，融合周围的颜色。

步骤⑤ 用白色加少许水，勾画出细线，位于珊瑚左上角边缘的高光处和右下角边缘的反光处。用POSCA高光笔点出高光。

步骤⑥ 用黑色加少许水，画出阴影（涂于珊瑚外右下角弧面处）。

● 绘制珊瑚枝

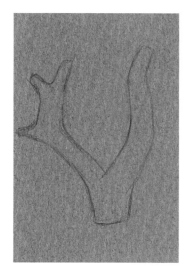

步骤①用铅笔画出珊瑚枝的轮廓。

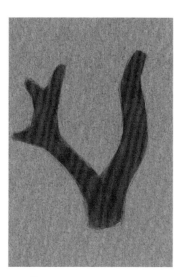

步骤②用朱红色均匀地涂珊瑚枝轮廓内的区域。

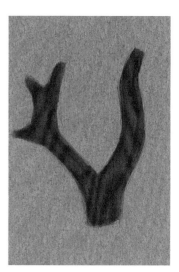

步骤③用深红色画出暗部（珊瑚枝右侧）。用微湿的笔晕染，自然过渡，融合周围的颜色。

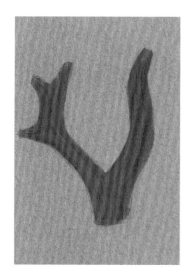

步骤④调和朱红色＋白色（少量），画出亮部（珊瑚枝左侧）。用微湿的笔晕染，自然过渡，融合周围的颜色。

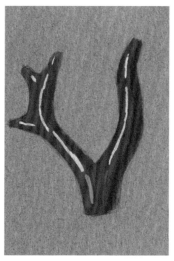

步骤⑤用POSCA高光笔点出高光。

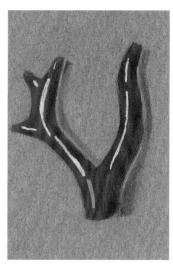

步骤⑥用黑色加少许水，画出阴影（涂于珊瑚外右侧）。

● **绘制珊瑚珠**

步骤① 用铅笔和模板画珊瑚珠的轮廓。

步骤② 用深红色均匀地涂珊瑚珠轮廓内的区域。

步骤③ 调和深红色+黑色（少量），画出暗部（涂于珊瑚明暗交替线的位置）。用微湿的笔晕染，自然过渡，融合周围的颜色。

步骤④ 调和深红色+大红色+白色（少量），画出亮部（涂于珊瑚左上角弧面处）。用微湿的笔晕染，自然过渡，融合周围的颜色。

步骤⑤ 用白色加少许水，勾画出细线，位于珊瑚左上角边缘的高光处和右下角边缘的反光处，注意亮部不宜过多。

步骤⑥ 用POSCA高光笔点出高光。

步骤⑦ 给黑色加水，画出投影（涂于宝石外右下角的弧面）。

Capu "千钧一发" 牛血红珊瑚吊坠
（作者自有品牌）

砗磲
Tridacna

硬　　度：2.5~3
折射率：1.530~1.685
比　　重：2.70
颜　　色：白色、褐黄色
分　　布：印度尼西亚、缅
　　　　　甸、马来西亚等
光　　泽：珍珠光泽
透明度：不透明、半透明

常见琢形

异形雕刻

珠形

砗磲是一种海产双壳类物种，分布于印度洋和西太平洋。它是海洋贝壳中最大的，直径可达 1.8m。砗磲是稀有的有机宝石，也是世界上最白的物质（砗磲的白度为 10）。其壳内白而光润，外壳呈黄褐色。从宝石学的角度来看，具有美丽的珍珠光泽、颜色洁白、有晕彩，且质地细腻的贝壳才可作为宝石。砗磲在阳光下能出现七彩虹光，有白色、牙白色与棕黄色相间两个品种，但以牙白色与棕黄色相间、呈太极形的品种为上品，以耀眼的金丝、亮丝和绿色肠管为特色。

● 绘图颜色色阶

● **绘制砗磲珠**

水粉颜料 & 色板

黑色　　　　白色

工具：铅笔、灰色蜜丹纸、水粉颜料、水彩笔、白色高光笔

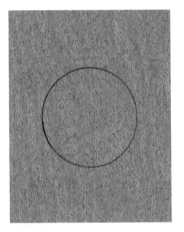

步骤① 用铅笔和模板画砗磲珠的轮廓。

步骤② 用白色加少许水，均匀地涂砗磲珠轮廓内的区域。

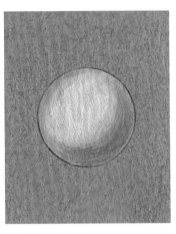

步骤③ 用黑色加少许水画出暗部（涂于砗磲珠明暗交界的位置）。用白色画出亮部（涂于砗磲珠左上角弧面处）。用微湿的笔晕染，自然过渡，融合周围的颜色。

步骤④ 用白色加少许水，勾画出细线，位于砗磲珠左上角边缘的高光处和右下角边缘的反光处。

步骤⑤ 用POSCA高光笔点出高光。

步骤⑥ 用黑色加少许水，画出阴影（涂于砗磲珠外右下角弧面处）。

琥珀
Amber

硬　　度：2~2.5
折射率：1.540~1.545
比　　重：1.00~1.10
颜　　色：黄色、褐色、红色、
　　　　　浅蓝色等
分　　布：俄罗斯、波兰、
　　　　　中国、缅甸等
光　　泽：树脂光泽
透明度：透明、半透明

常见琢形

异形雕件

弧面形

珠形

琥珀是诞生于 4000 万—6000 万年前植物的树脂化石。大部分琥珀是透明的，颜色种类多而富有变化，以黄色最普遍，也有红色、绿色和极为罕见的蓝色。

琥珀属于非结晶质的有机物半宝石，玲珑轻巧，触感温润细致。树脂滴落，被掩埋在地下千万年，在压力和热力的作用下石化，有的内部包有蜜蜂等小昆虫，奇丽异常。大多数琥珀由松科植物的树脂石化形成，故又被称为"松脂化石"。

传统上人们习惯称不透明的琥珀为 "密蜡"，琥珀按照颜色可分为以下几种。

血珀：又称红色琥珀。颜色如同高级红葡萄酒的颜色，色红如血者为琥珀中的上品。

金珀：指金黄色、明黄色的透明琥珀，是琥珀中的名贵品种。

蜜蜡：因色如蜜、质如蜡而得名。半透明至不透明，以金黄色、棕黄色、蛋黄色等最普遍，有蜡质感，也有呈玻璃光泽的。

金绞密：指透明的金珀和半透明的蜜蜡互相纠缠在一起，形成一种黄色的有绞缠状花纹的琥珀。

金包蜜：内部为半透明的蜜蜡，外部为黄色透明的琥珀。

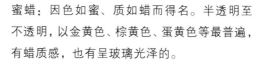

虫珀、植物珀：指包有动物、植物遗体的琥珀。其中以琥珀藏蜂、琥珀藏蚊、琥珀藏蝇等较为珍贵。这些包裹体是几千万年以前的各种昆虫和植物，具有很高的科学价值。

蓝珀：多米尼加共和国出产的一种体色为淡黄色，对着阳光的表面呈蓝色的琥珀。通常蓝色只呈现在表层，有紫蓝色、天蓝色、绿蓝色等。

绿珀：绿色琥珀，主要产于意大利的西西里岛。

翳珀：一种用肉眼垂直平视呈现黑色，在光线照射下则呈现红亮光点的琥珀。

骨珀（白珀）：指白色、象牙白色的琥珀。浑浊不清，不透明到半透明。

花珀：经过加热处理，使琥珀内部产生黄色或红色的叶片状裂纹的琥珀。这些小裂片是由琥珀中的小气泡受热膨胀爆裂而产生的，通常称为"睡莲叶"或"太阳光芒"。

石珀：指有一定石化程度的琥珀，硬度比其他琥珀高。

● 绘图颜色色阶

● 绘制蜜蜡

水粉颜料 & 色板

黑色　　　白色　　　土黄色　　柠檬黄色　　土红色（赭石色）

工具：铅笔、灰色蜜丹纸、水粉颜料、水彩笔、白色高光笔

步骤❶ 用铅笔和模板画出蛋面蜜蜡的轮廓。

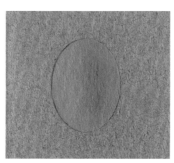

步骤❷ 用土黄色均匀地涂蜜蜡轮廓内的区域。

步骤❸ 调和土红色+土黄色，画出暗部（涂于蜜蜡右下角弧面处）。

步骤❹ 用微湿的笔晕染，自然过渡，融合周围的颜色。

步骤❺ 调和土黄色+柠檬黄色+白色，涂亮部。再用用白色加少许水，勾画出细线，位于蜜蜡左上角边缘的高光处和右下角边缘的反光处。

步骤❻ 用POSCA高光笔点出高光。用黑色加少许水，画出阴影（涂于蜜蜡外右下角弧面处）。

● 绘制琥珀

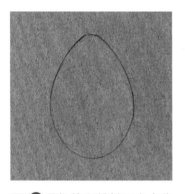

步骤①用铅笔和模板画出水滴形琥珀轮廓。

步骤②调和土黄色 +土红色,均匀地涂琥珀轮廓内的区域。

步骤③用第2步调和的颜料,再加少许土红色,画出暗部(由于是透明蜜蜡,暗部位于左上角弧面处)。用微湿的笔晕染,自然过渡,融合周围的颜色。

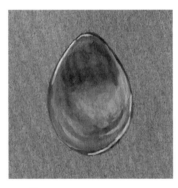

步骤④调和土黄色+白色(少量),画出亮部(由于是透明蜜蜡,亮部位于右下角弧面处)。用微湿的笔晕染,自然过渡,融合周围的颜色。

步骤⑤调和土黄色+柠檬黄色+白色,涂右下角的亮部。用白色加少许水,勾画出细线,位于琥珀左上角边缘的高光处和右下角边缘的反光处。

步骤⑥用POSCA高光笔点出高光。用黑色加少许水,画出阴影(涂于琥珀外右下角弧面处)。

步骤⑦调和土黄色+白色(加水),涂黑色阴影(因此琥珀透明,阴影中有琥珀本身颜色的反光)。

斑彩石
Ammolite

又　　称: 彩斑菊石
硬　　度: 4.5~5.5
折射率: 1.520~1.670
比　　重: 2.80
颜　　色: 红色、橘色、黄色、
　　　　　绿色、紫色等
分　　布: 加拿大
光　　泽: 树脂光泽
透明度: 不透明

常见琢形

薄片型

Capu "豆娘" 斑彩石吊坠（作者自有品牌）

斑彩石是一种有机生物化石，是距今七千万年至一亿年前鹦鹉螺的外壳化石。国际上公认的真正的宝石级别斑彩石，色彩最为艳丽。斑彩石的摩氏硬度低，表面色层软脆，并且越接近地表的斑彩石的颜色越暗淡，多呈暗红或者褐色，主要是因为被空气氧化所致。斑彩石不能直接裸露在空气中，出土的原料在一年之内不做任何处理，颜色将慢慢变暗淡。只有覆膜才能保护斑彩石，避免受到氧化和伤害。斑彩石有晕彩的地方很薄、易碎，晕彩层厚度常在0.5mm~0.8mm，必须拼合覆膜加固。所以斑彩石常以页岩、黑玛瑙或玻璃衬底，形成二层石。顶层添加尖晶石、水晶或胶面，形成三层石。

● 绘图颜色色阶

斑彩石

● **绘制斑彩石**

水粉颜料 & 色板

黑色　　白色　　翠绿色　　淡绿色　　橘黄色　　柠檬黄色　群青色

工具：铅笔、灰色蜜丹纸、水粉颜料、水彩笔、白色高光笔

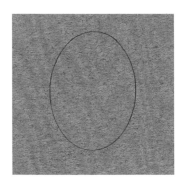

步骤① 用铅笔和模板画出斑彩石的轮廓。

步骤② 用橘黄色、柠檬黄色、淡绿色、翠绿色、群青色涂斑彩石轮廓内的区域。

步骤③ 用黑色加少许水，画出暗部（描摹斑彩石轮廓线）。

步骤④ 用微湿的笔晕染，自然过渡，融合周围的颜色。

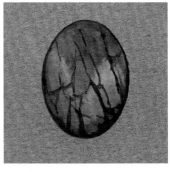

步骤⑤ 用黑色加少许水，绘制斑彩石表面龟裂的纹路。

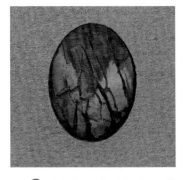

步骤⑥ 适当加深各层颜色，使其更加饱和。

步骤⑦ 用白色加少许水，勾画出细线，位于斑彩石左上角边缘的高光处和右下角边缘的反光处。用黑色加少许水，画出阴影（涂于斑彩石外右下角弧面处）。

步骤⑧ 用POSCA高光笔，画高光（因其是薄片状的，高光像镜面反光）。

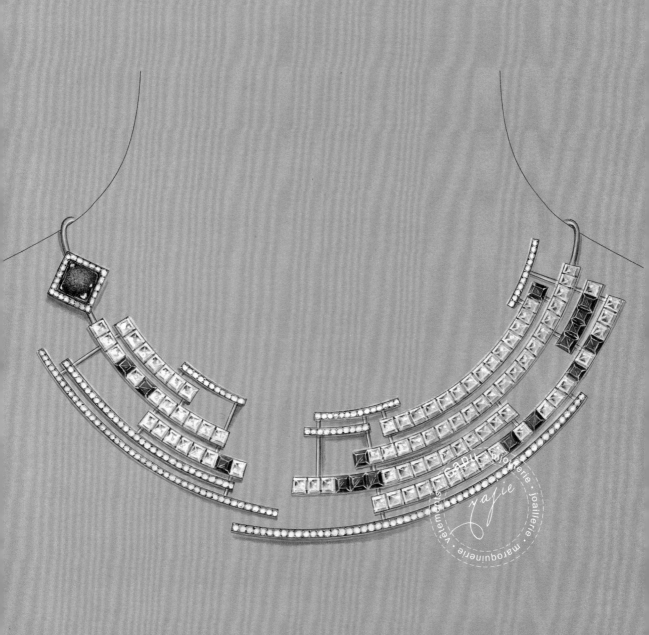

Chapter **06**

珠宝首饰设计
手绘效果图详解

6.1 戒指

6.1.1 戒指透视图与三视图原理

1. 戒指透视图原理

透视画法是以现实、客观的观察方式，在二维的平面上利用线和面趋向会合的视错觉原理，刻画三维物体的艺术表现手法。

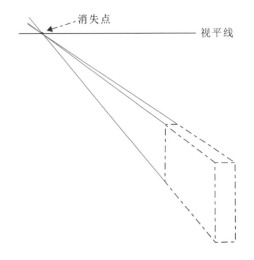

一点透视又称平行透视，是指将立方体放在一个平面上，前方的面（正面）为正方形或长方形，并分别与画纸四边平行。上部朝纵深的平行直线与眼睛的高度一致，消失成为一点。

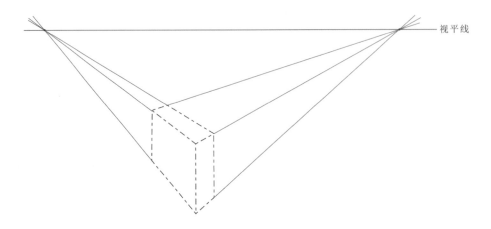

两点透视也称成角透视，是指把立方体画到画面上，立方体的 4 个面相对于画面倾斜成一定角度时，往纵深平行的直线产生了两个消失点。在这种情况下，与上下两个水平面相垂直的平行线也缩短了长度，但是不带有消失点。

在珠宝手绘，特别是戒指透视图的绘制中，通常都会用到一点透视和两点透视。

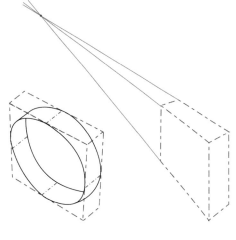

2. 戒指三视图原理

三视图是观测者从上面、左面、正面 3 个不同角度观察同一个空间几何体而画出的图形。将人的视线规定为平行投影线，然后正对着物体看过去，将所见物体的轮廓用正投影法绘制出来的图形称为视图。三视图就是主视图（正视图）、顶视图（俯视图）、侧视图（左视图）的总称。

下面根据右图所示案例，绘制三视图（右下图）。

首先，绘制主视图（正视图），从物体前面向后面投射所得的视图，能反映物体的前面形状。

然后，延续主视图的宽边，画出垂直于纸面的辅助线，用于确定顶视图的宽度。顶视图（俯视图）是从物体的上面向下投射所得的视图，能反映物体上面的形状。

接下来，延续顶视图的长边，画出水平于纸面的辅助线，再画 45° 的辅助线。当水平横线与45° 斜线相交时，画出向上垂直于纸面的垂直线，用于确定侧视图的宽度。

最后，画出侧视图（左视图），从物体的左面向右面投射所得的视图，能反映物体左面的形状。

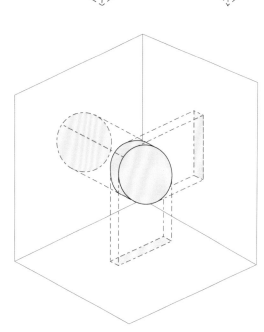

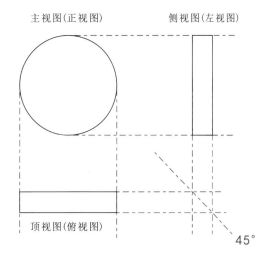

主视图（正视图）　　　　　　　侧视图（左视图）

顶视图（俯视图）

45°

6.1.2 戒指示例分析——马鞍戒变形、开口戒

示例一：马鞍戒变形

● 绘制透视图

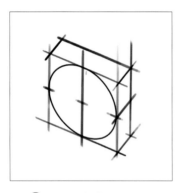

步骤① 画出立方体透视图。

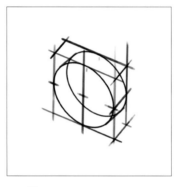

步骤② 在立方体内画出圆柱体。

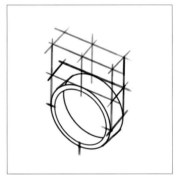

步骤③ 擦去正方体下半部分的辅助线，再在原始立方体上加画一层立方体。

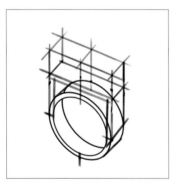

步骤④ 画出异形戒指的指圈。

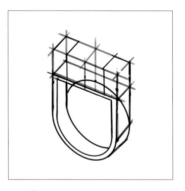

步骤⑤ 擦去多余的辅助线。

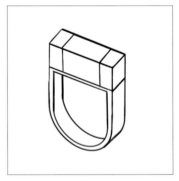

步骤⑥ 擦去所有辅助线。

完成图

● 绘制三视图

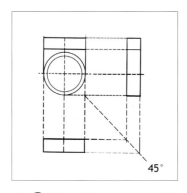 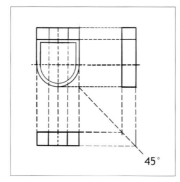 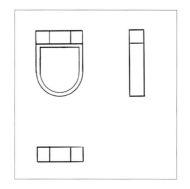

步骤① 根据透视图，用尺规绘制出三视图大概的形状。

步骤② 画出异形戒指的指圈。

步骤③ 擦去所有辅助线。

示例二：开口戒绘制透视图

● 绘制透视图

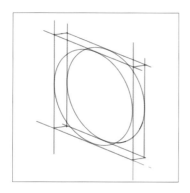 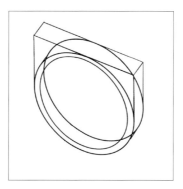 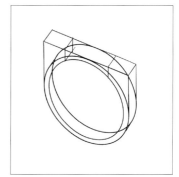

步骤① 画出立方体透视图，并在立方体内画出圆柱体。

步骤② 擦去正方体下半部分的辅助线。

步骤③ 画出需要切去部分的线稿。

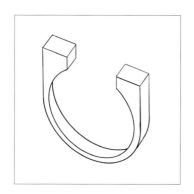 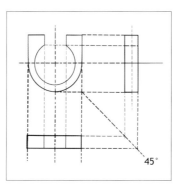 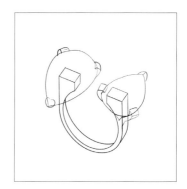

步骤④ 擦去多余的辅助线。

开口戒三视图

步骤⑤ 在开口戒上画出两颗水滴形宝石及镶嵌爪。

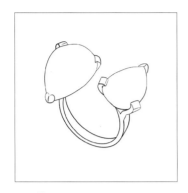
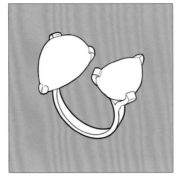

步骤6 擦去所有辅助线。

完成图

6.1.3 钻戒——透视图绘制、三视图绘制与设计分析

钻戒是戴在手指上的钻石珠宝。钻石是宝石中最坚硬的一种，古罗马人一直认为它代表生命和永恒，到了 15 世纪更被认定为象征坚贞不渝的爱情。

购买钻石首饰时可以查阅如下证书：

◆ 美国宝石学院（GIA）——《GIA 钻石等级证书》

◆ 比利时钻石高层议会——《HRD 钻石等级证书》

◆ 美国宝玉石学会——《AGS 钻石等级证书》

◆ 国际宝石学院——《IGI 钻石等级证书》

◆ 欧洲宝石学院——《EGL 钻石等级证书》

◆ 国家珠宝玉石质量监督检验中心——《NGTC 钻石分级证书》（国内）

1. 绘制钻戒透视图

● 钻戒透视图

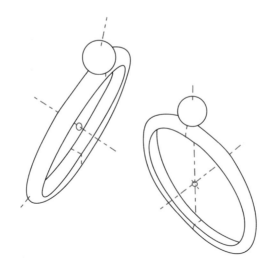

步骤① 用铅笔完成钻戒线稿（参照钻戒透视图）。

步骤② 用黑色加少许水，涂钻戒的暗面。

步骤③ 用白色加少许水，提亮钻戒的亮面。

步骤④ 用白色加少许水，勾画出一颗颗钻石的位置。

步骤⑤ 用POSCA高光笔点出钻石的台面高光，位于勾画的圆环内。注意：越朝光的位置，台面高光越大，暗面高光越小。用黑色签字笔点出钻石4个角爪的位置，最后用黑色加少许水画出阴影。

181

绘制钻戒三视图

● 钻戒三视图

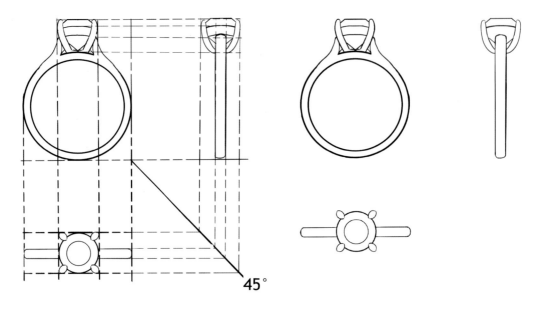

用尺规画出三视图

● 钻戒三视图水粉上色绘制

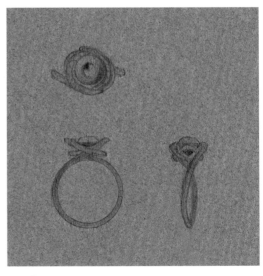

步骤❶ 根据之前的示例透视图，用铅笔和尺规完成钻戒三视图线稿。

步骤❷ 用黑色加少许水，填涂钻戒三视图，注意暗面的颜色略暗（钻石画法可参见本书刻面宝石部分的讲解）。

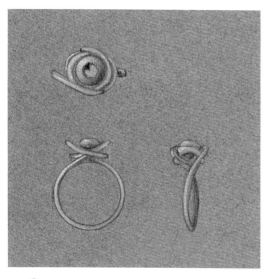

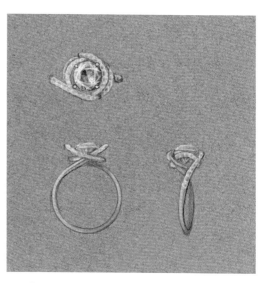

步骤 3 用白色加少许水，提亮戒指和钻石的亮面。

步骤 4 用白色加少许水，勾画出一颗颗钻石的位置。

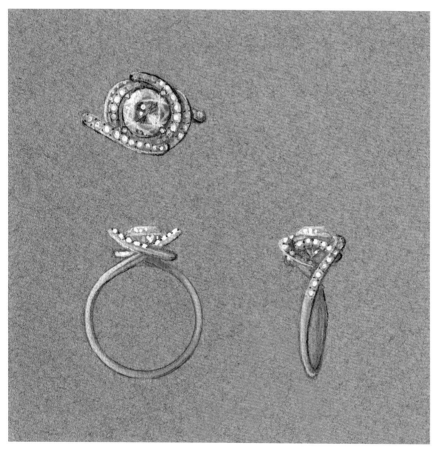

步骤 5 用POSCA高光笔点出钻石的台面高光，位于勾画的圆环内。注意：越朝光的位置，台面高光越大，暗面高光越小。用黑色签字笔点出钻石4个角爪的位置。

Tips：

三视图可以省略画投影。

钻戒设计分析

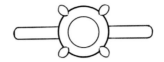

顶视图

从戒指的顶视图中可以看出钻戒的镶嵌方式和戒托的形状。

爪镶

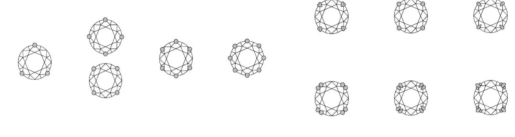

不同数量的爪镶

四爪镶嵌的各式变形

戒指臂常见形态

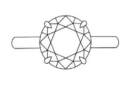

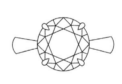

等宽圆臂（最常见）

刀臂（常用于小克拉宝石，显大）

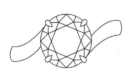

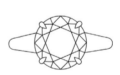

上宽下窄渐变臂

扭臂（错位臂）

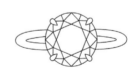

镂空渐变臂

（渐变臂常用于大克拉宝石，逐渐收小
戒指臂，显手指轻巧、纤细）

Tips:

钻石切割尺寸对照表，见第 7 章相关内容。

6.1.4 对戒——透视图绘制、三视图绘制与设计分析

对戒是恋人表达爱意、新人嫁娶必不可少的首饰，是爱的宣言与见证，它是至死不渝和天长地久的象征。戒指的不同戴法有不同的含义，戴在食指表示未婚，戴在中指表示已经在恋爱，戴在无名指表示已结婚或订婚，戴在小指表示单身。

对戒的设计突出"呼应性"，由于对戒中的两件产品都采用相同的款式和工艺，又有相似的设计风格，所以情侣对戒被赋予了"携手终生、不离不弃"的美好寓意。

对戒透视图

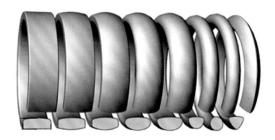

如上图所示，对戒是固定形状的剖面，围绕圆心旋转 360° 所形成的环。在画透视图时需要考虑不同剖面图的表现方式。

● 对戒透视图

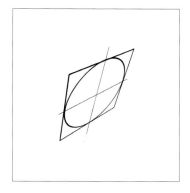 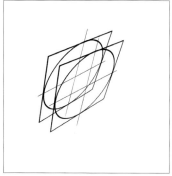 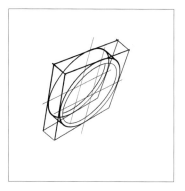

● 对戒透视图水粉上色绘制

步骤 1 用铅笔完成对戒设计线稿（步骤参照对戒透视图）。

步骤 2 用黑色加少许水，涂对戒表面，内指圈颜色略暗。

步骤 3 用白色加少许水提亮对戒亮面。

步骤 4 用白色加少许水，勾画出一颗颗钻石的位置。

步骤 5 用POSCA高光笔点出钻石的台面高光，位于勾画的圆环内。注意：越朝光的位置，台面高光越大，暗面高光越小。用黑色签字笔点出钻石4个角爪的位置。最后用黑色加少许水，画出阴影。

对戒三视图

参照之前的对戒透视图，用尺规画出三视图。

Tips：

三视图可以省略画投影。

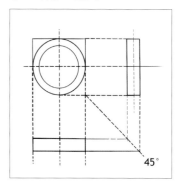

● 对戒三视图水粉上色绘制

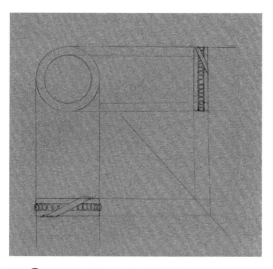

步骤①根据之前的示例透视图，用铅笔和尺规完成对戒三视图线稿。

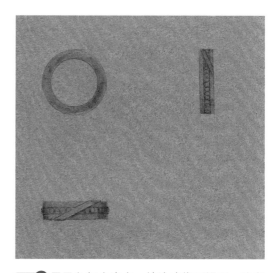

步骤②用黑色加少许水，填涂戒指三视图，注意暗面颜色略暗。

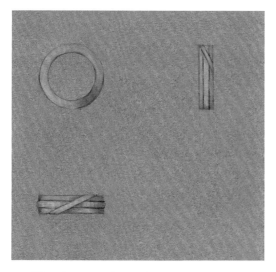

步骤③用白色加少许水，提亮戒指亮面。

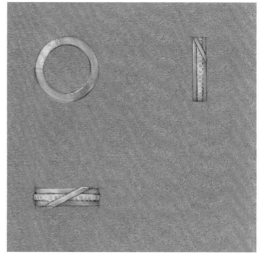

步骤④用白色加少许水，勾画出一颗颗钻石的位置。

187

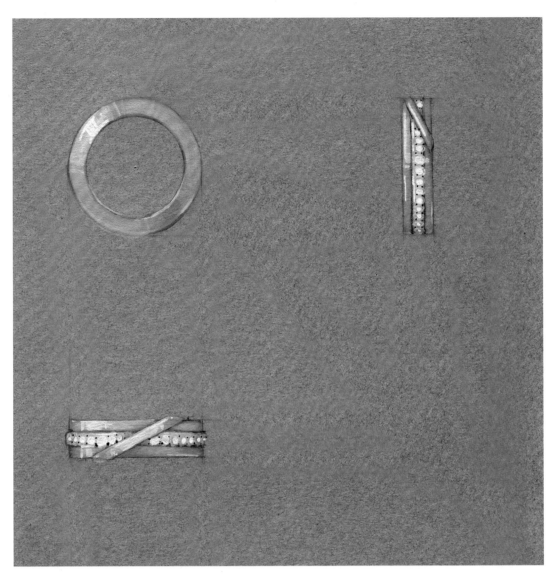

步骤5 用POSCA高光笔点出钻石的台面高光，位于勾画的圆环内。注意：越朝光的位置，台面高光越大，暗面高光越小。用黑色签字笔点出钻石4个角爪的位置。

6.1.5 橄榄石女戒与男戒设计分析与绘制

女戒：顾名思义，女士戴的戒指，也称鸡尾酒戒。通常有一颗较大主石，其大胆奔放的造型、华丽浪漫的风格，都能表达出一种多元化的精神。

戴戒指方式也很随性，单个或多个，左手或右手均可，不过，一些比较讲究的人仍会避开戴婚戒的左手无名指，多戴于食指或中指。

● 橄榄石女戒透视图快速表现绘图步骤

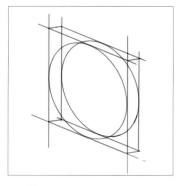
步骤①画出立方体透视图，并在立方体内画出圆柱体。

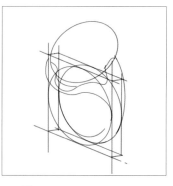
步骤②画出主石大概的透视位置和戒指托的形态。

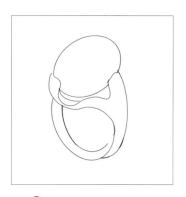
步骤③擦去所有辅助线。

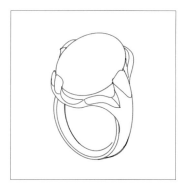
步骤④对细节进行刻画。

步骤⑤画出镶嵌钻石的位置。

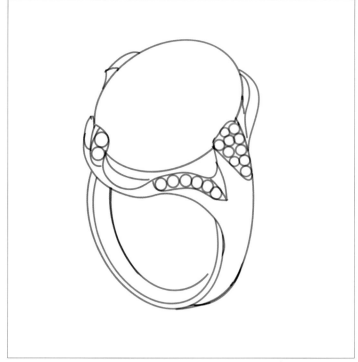

● 橄榄石女戒水粉上色绘制

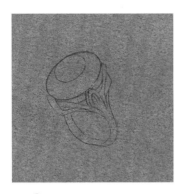

步骤① 用铅笔完成女戒设计线稿。

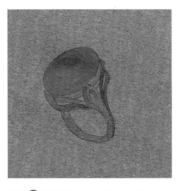

步骤② 用黑色加少许水，涂在戒指表面，内指圈颜色略暗。用橄榄绿色涂宝石刻面表面。

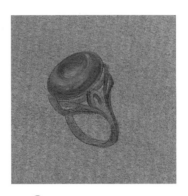

步骤③ 用白色加少许水，提亮戒指和宝石的亮面。

步骤④ 用白色加少许水，勾画出一颗颗钻石的位置及宝石刻面。

步骤⑤ 用POSCA高光笔点出钻石的台面高光，位于勾画的圆环内。注意：越朝光的位置，台面高光越大，暗面高光越小。用黑色签字笔点出钻石4个角爪的位置。最后用黑色加少许水，画出阴影。

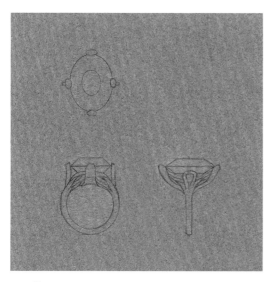

步骤① 根据之前的示例透视图，用铅笔和尺规完成三视图线稿。

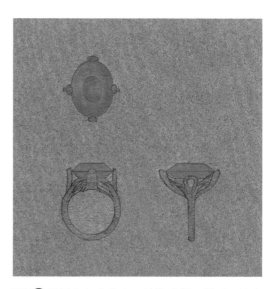

步骤② 用黑色加少许水，填涂戒指三视图，注意暗面颜色略暗。用橄榄绿色涂宝石表面。

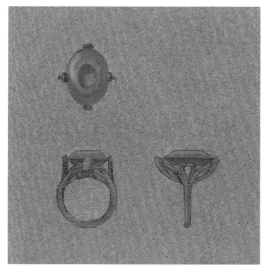

步骤③ 用白色加少许水，提亮戒指和宝石的亮面。

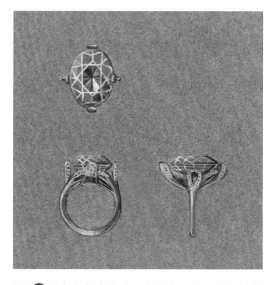

步骤④ 用白色加少许水，勾画出一颗颗钻石的位置及宝石刻面。

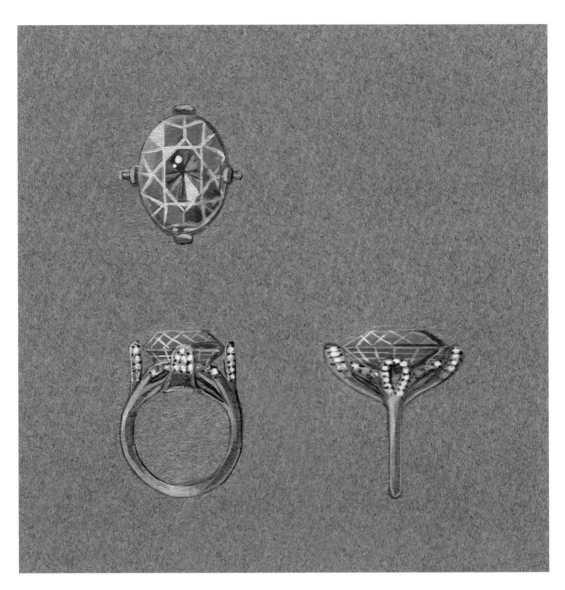

步骤⑤用POSCA高光笔点出钻石的台面高光，位于勾画的圆环内。注意：越朝光的位置，台面高光越大，暗面高光越小。用黑色签字笔点出钻石4个角爪的位置。

Tips:

三视图可以省略画投影。

● 男戒透视图快速表现绘图步骤

在设计男戒时要区别于女戒，主石的镶嵌常用包镶或抹镶，而爪镶不要过分抬高主石。戒指托在设计时硬朗厚重，不宜过分纤细。

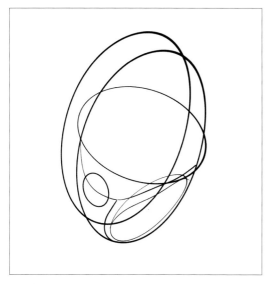

步骤① 根据戒指透视画法，画出戒指托的大概形态。

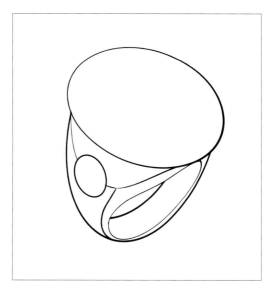

步骤② 擦去所有辅助线。

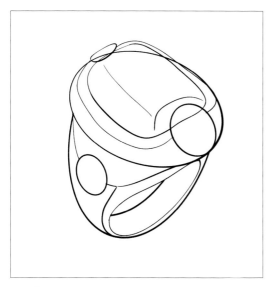

步骤③ 画出主石大概的透视位置。

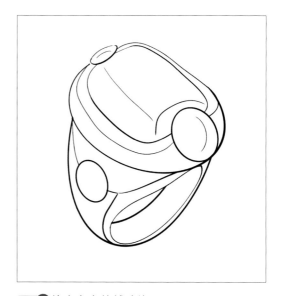

步骤④ 擦去多余的辅助线。

6.1.6　戒指绘制延展练习——方戒、马鞍戒、基础戒、镶石异形戒

根据之前所有练习的戒指绘图步骤，自主理解，临摹以下常见的戒指透视图，并补充完成三视图。

● 方戒（透视图与三视图临摹）

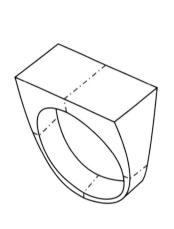
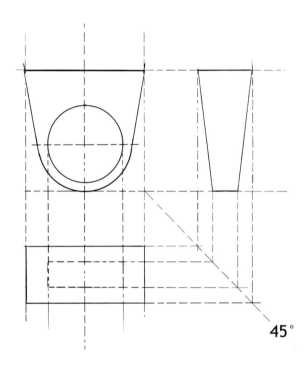

45°

● 马鞍戒（临摹透视图并补充三视图）

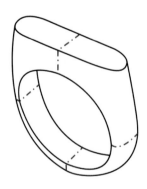
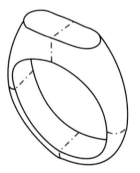

● 基础戒（临摹透视图并补充三视图）

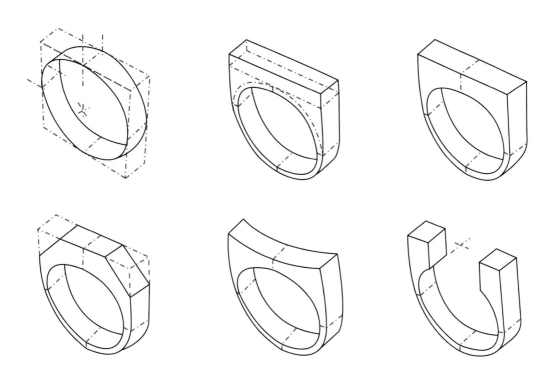

● 异形戒镶石（临摹透视图并补充三视图）

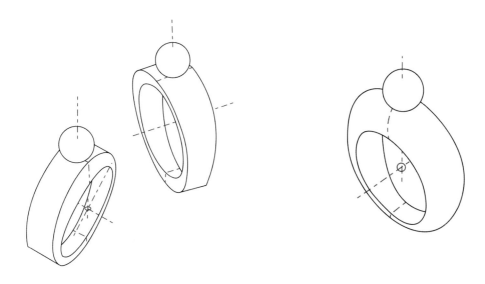

6.2 项链

6.2.1 透视原理与绘制要点

项链是人们喜欢的装饰品之一，也是最早出现的首饰。项链除了具有装饰功能，有些项链还具有特殊的作用，如天主教徒的十字架链和佛教徒的念珠。从古至今，人们为了美化人体本身，也美化环境，制造了各种不同风格、不同特点、不同式样的项链，满足了不同肤色、不同民族、不同审美观的人的审美需要。

从材料上看，首饰市场上的项链有黄金、白银、珠宝等材质的。但珠宝项链比金银项链的装饰效果更强，色彩变化也更丰富。时尚界的时装项链大都采用非常普通的材料制成，如镀金、塑料、皮革、玻璃、丝绳、木头、低熔合金等，主要是为了时装的搭配，强调新、奇、美和普及。

在绘图时，仍然遵循1:1的绘图原则，项链透视图的绘制可参见下图透视原理图（附常用项链长度图）。

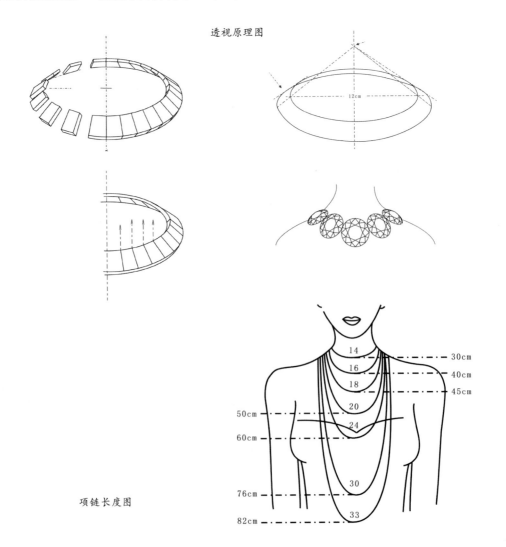

透视原理图

项链长度图

6.2.2 绘制祖母绿宝石项链

步骤①用铅笔及硫酸纸完成项链设计线稿。

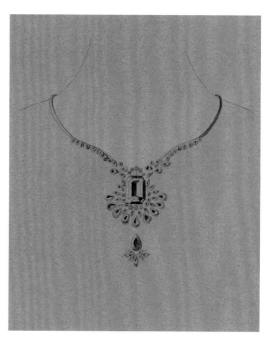

步骤②用黑色加少许水，涂白金、钻石的暗部。用翠绿色涂于两颗祖母绿宝石的暗部（祖母绿宝石的画法可参见第4章相关内容）。

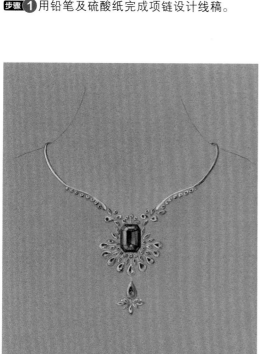

步骤③用白色加少许水，提亮白金和钻石的亮面。调和绿色＋白色，提亮祖母绿宝石的亮部。

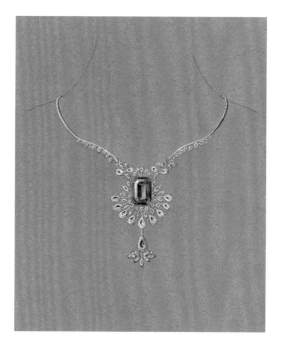

步骤④用白色加少许水，勾画出宝石的刻面。用土黄色勾画出祖母绿宝石镶嵌爪。

步骤⑤ 用POSCA高光笔点出祖母绿宝石和钻石的高光，再用黑色加少许水画出阴影。

6.3 吊坠

6.3.2 绘制宝石吊坠

6.3.1 透视原理与绘制要点

吊坠（或称挂坠）是一种佩戴在脖子上的饰品，吊坠一般都是用绳子或金属链连接起来的。在珠宝设计中，可以特别关注吊坠头的设计。常规款称为"瓜子扣"，对于个性化吊坠的设计，要记得在吊坠头上做文章。

步骤① 用铅笔完成吊坠设计和大克拉宝石标准刻面线稿。

步骤② 用黑色加少许水，涂金属表面，暗部颜色略暗。本例为标准刻面宝石，按刻面上色。

步骤③ 用白色加少许水，提亮金属亮面。

步骤④ 用白色加少许水，勾画出一颗颗钻石的位置。用POSCA高光笔点出钻石的台面高光，其位于所勾画的圆环内。用彩色宝石底色略加少许白色，画出配石台面的高光和爪。

步骤⑤ 用黑色签字笔点出钻石4个角爪的位置。用白色勾画出链子，最后用黑色加少许水画出阴影。

Tips:

根据设计，复杂款可以用主视图＋侧视图一起表达。

6.4 耳饰

6.4.1 透视原理与绘制要点

耳饰（又称耳环、耳坠）是戴在耳朵
上的饰品，古代又称珥、珰。耳饰都
是以金属为主的，有些可能采用石头、
木头或其他相似的硬物料。无论男女
都可以佩戴耳饰，但如今还是女性比
较多。

耳饰的种类很多，如右图所示。

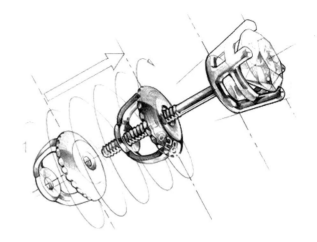

针状耳饰

环状耳饰

在绘图时，仍然遵循 1:1 的绘图比例，
所以可以先画出耳朵的轮廓，根据比
例再设计耳饰。设计时，用侧视图表
现耳饰的佩戴方式。

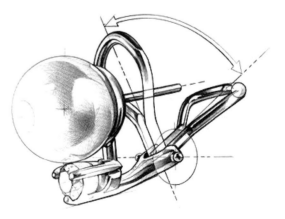

耳钉闭合式耳饰

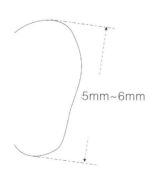

5mm~6mm

6.4.2　黑珍珠耳钉绘制

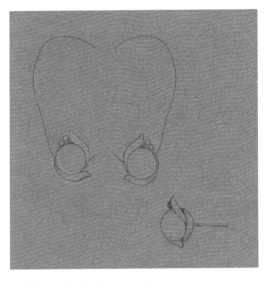

步骤❶ 用铅笔完成耳钉设计线稿。

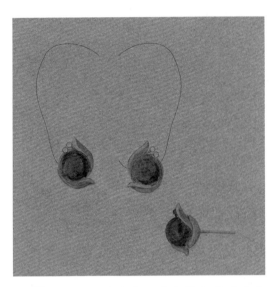

步骤❷ 用黑色加少许水，涂金属和黑珍珠表面，暗部颜色略暗。

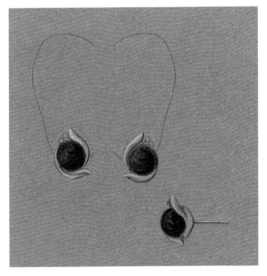

步骤❸ 用白色加少许水，提亮金属亮面，然后用翠绿色涂珍珠的亮面。

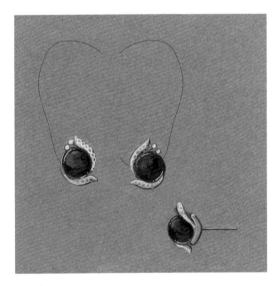

步骤❹ 用白色加少许水，勾画出一颗颗钻石的位置。

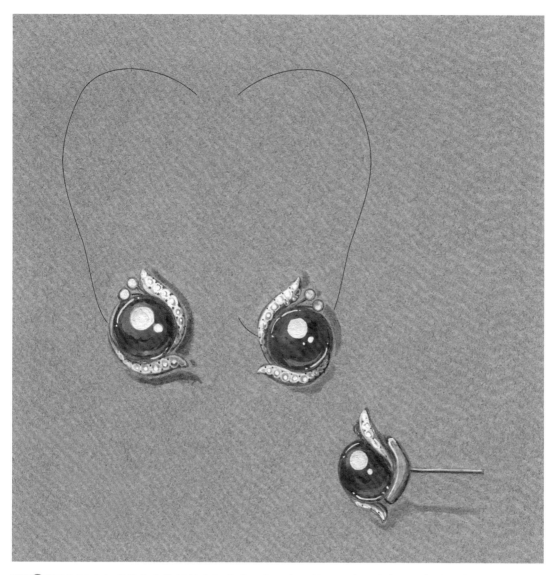

步骤⑤ 用POSCA高光笔点出钻石的台面高光，位于勾画的圆环内。注意：越朝光的位置，台面高光越大，暗面高光越小。用黑色签字笔点出钻石4个角爪的位置。最后用黑色加少许水，画出阴影。

6.4.3　摩根石耳钩绘制

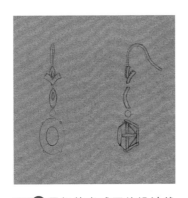

步骤① 用铅笔完成耳钩设计线稿。

步骤② 用白色加少许水，涂金属表面。调和土黄色+土红色+白色，涂于宝石内的区域。

步骤③ 用黑色加少许水，涂金属暗部。

步骤④ 用白色加少许水，勾画出一颗颗钻石的位置，再勾画出宝石刻面及宝石镶嵌爪。

步骤⑤ 用POSCA高光笔点出钻石的台面高光，位于勾画的圆环内。注意：越朝光的位置，台面高光越大，暗面高光越小。用黑色签字笔点出钻石4个角爪的位置。最后用黑色加少许水，画出阴影。

6.5 胸针

6.5.1 透视原理与绘制要点

胸针（又称胸花），是一种使用搭钩佩戴在胸前或领子上的饰品，也可认为是起装饰作用的别针。一般为金属质地，上嵌宝石、珐琅等。可以用作纯粹的装饰或兼有固定衣服（例如，长袍、披风、围巾等）的作用，男女均可佩戴。设计时一般只绘出主视图（正视图）即可。

6.5.2 绘制欧泊胸针

步骤❶ 用铅笔完成欧泊胸针设计线稿。

步骤❷ 用黑色加少许水，涂白金金属表面，暗部颜色略暗。用土黄色均匀地涂于黄色表面。用群青色均匀地涂欧泊轮廓内的区域。

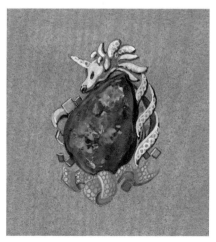

步骤❸ 用白色加少许水，提亮白金亮面。调和土黄色+土红色，加深黄金暗部。用淡绿色、群青色+白色成片地点在宝石表面。

步骤❹ 用白色加少许水，勾画出白金上一颗颗钻石的位置。调和土黄色+土红色，勾画出黄金上一颗颗钻石的位置，进一步完善欧泊的色彩。

步骤 5 用POSCA高光笔点出钻石的台面高光，位于勾画的圆环内。注意：越朝光的位置，台面高光越大，暗面高光越小。用黑色签字笔点出钻石4个角爪的位置。用土红色点出黄金上钻石4个角爪的位置。最后用黑色加少许水，画出阴影。

6.6 手链和手镯

6.6.1 透视原理与绘制要点

佩戴手链是人类最早的无意识的装饰行为，也是一种计数方式。手链现代常被佩戴在手腕部位起装饰作用，多为金属质地，特别是银的，也有用矿石、水晶等制作的。一般来说，手链要戴在右手，而左手用来戴手表。

手镯是用金、银、玉等制作的戴在手腕上的环形装饰品。按结构一般可分为两种：一是封闭形圆环，以玉石材料为多；二是有端口或数个链片，以金属材料居多。按制作材料可分为金手镯、银手镯、玉手镯、镶宝石手镯等。

区别手镯和手环的依据是：手链是链状的，由多个小件组合成链状，环绕佩戴在手上；手镯一般是整块的结构。

在绘图时，仍然遵循 1:1 的绘图比例，且手链要展开绘制。手镯可以先画手腕轮廓，再根据比例进行设计（附上手镯尺寸表）。

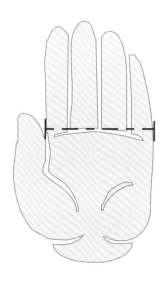

手镯尺寸

手掌宽度	手镯内径	周长
60mm~64mm	50mm~52mm	16cm~17cm
64mm~68mm	52mm~54mm	17cm~18cm
68mm~72mm	54mm~56mm	18cm~19cm
72mm~76mm	56mm~58mm	19cm~20cm
76mm~80mm	58mm~60mm	20cm~21cm
80mm~84mm	60mm~62mm	21cm~22cm
84mm 以上	62mm 以上	22cm 以上

6.6.2 绘制翡翠手链

步骤① 用铅笔及硫酸纸完成翡翠手链设计线稿。

步骤② 用黑色加少许水，涂白金表面。用土黄色涂黄金表面。用翠绿色加少许水，涂翡翠暗部。

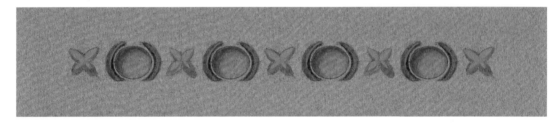

步骤③ 用白色加少许水，提亮白金亮面。调和土黄色＋土红色，加深黄金暗部。用略带水分的笔晕染翡翠的颜色。

步骤④ 用白色加少许水，勾画出一颗颗钻石的位置。

步骤⑤ 用POSCA高光笔点出钻石的台面高光，位于勾画的圆环内。注意：越朝光的位置，台面高光越大，暗面高光越小。用黑色签字笔点出钻石4个角爪的位置。最后用黑色加少许水，画出阴影。

6.6.3 绘制绿松石手镯

步骤① 用铅笔完成绿松石手镯设计线稿。

步骤② 用黑色加少许水，涂金属表面。用湖蓝色涂宝石轮廓内的区域。

步骤③ 用白色加少许水，提亮金属亮面。调和湖蓝色＋白色（少量），提亮绿松石亮面。

步骤④ 用白色加少许水，勾画出一颗颗钻石的位置。

步骤⑤ 用POSCA高光笔点出钻石的台面高光，位于勾画的圆环内。注意：越朝光的位置，台面高光越大，暗面高光越小。用黑色签字笔点出钻石4个角爪的位置。最后用黑色加少许水，画出阴影。

6.7 头饰

6.7.1 透视原理与绘制要点

头饰指戴在头上的饰物。头饰的种类很多，如发带、发卡、发簪等。

皇冠是由君主戴的、象征至高权力的帽子，一般使用贵重金属制作，镶有宝石。常见欧洲王室女士佩戴。中国古代皇帝戴的帽子称为王冠。

发簪又称笄，指古代汉族用来固定和装饰头发的一种首饰。在中国封建时期，汉族女子插笄是长大成人的一种标志，到时还要举行仪式，行"笄礼"，笄礼源于周代。仅从质料上看，就有骨、石、陶、蚌、荆、竹、木、玉、铜、金、象牙、牛角及玳瑁等。

在绘图时，仍然遵循 1:1 的绘图比例，绘制皇冠时用常见的仰视图。

6.7.2 珊瑚皇冠绘制

步骤1 用铅笔及硫酸纸完成珊瑚皇冠设计线稿。

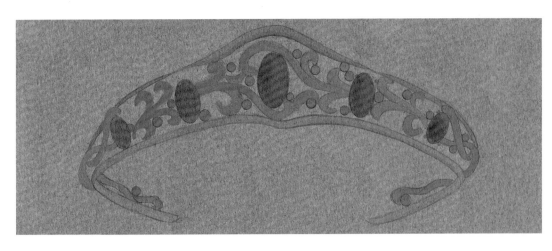

步骤② 用黑色加少许水，涂白金表面，暗部颜色略暗。用土黄色加少许水，均匀涂黄金表面。用深红色均匀涂珊瑚表面。

步骤③ 用白色加少许水，提亮金属亮面。调和土黄色＋土红色，加深黄金暗部。调和大红色＋白色（少量），提亮珊瑚亮面。

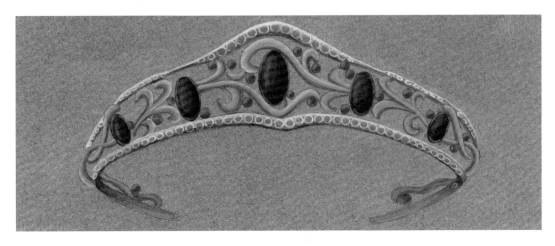

步骤④ 用白色加少许水，勾画出一颗颗钻石的位置。

步骤⑤用POSCA高光笔点出钻石的台面高光，位于勾画的圆环内。注意：越朝光的位置，台面高光越大，暗面高光越小。用黑色签字笔点出钻石4个角爪的位置。最后用黑色加少许水，画出阴影。

6.7.3 绘制翡翠发簪

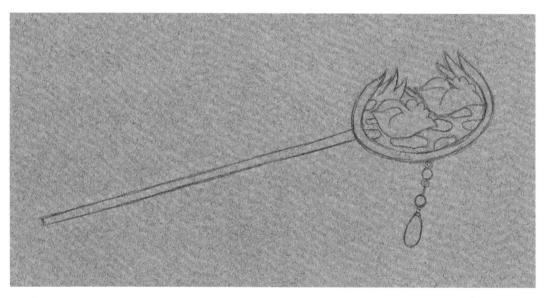

步骤①用铅笔完成翡翠发簪设计线稿。

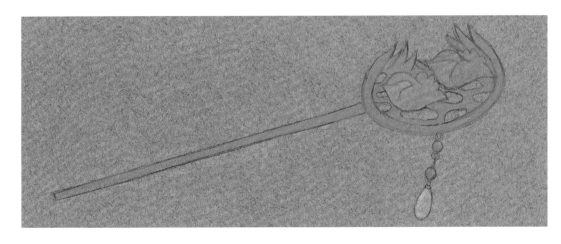

步骤② 用土黄色均匀地涂金属表面。调和翠绿色+黄色，涂宝石内部区域。用白色加少许水，涂水滴形月光石。

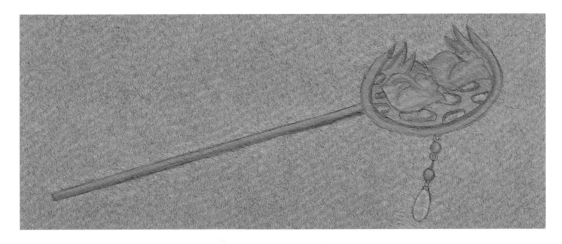

步骤③ 调和土黄色+土红色，加深金属暗部。用翠绿色加深翡翠暗部。用群青色加少许水，涂月光石的亮部。

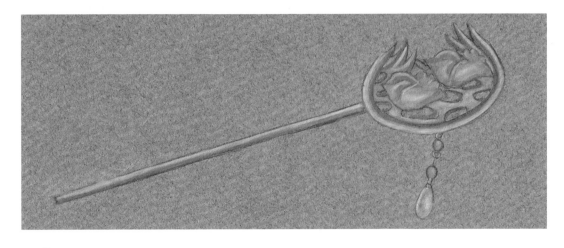

步骤④ 调和土黄色+白色，提亮金属亮部。

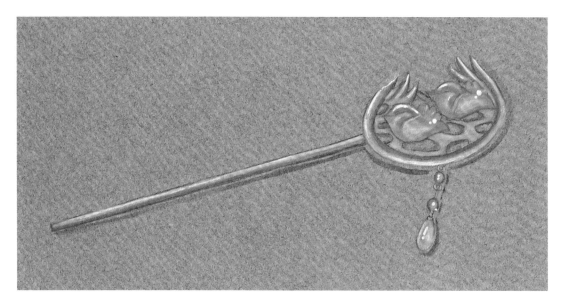

步骤 5 用POSCA高光笔点高光，再用黑色加少许水画出阴影。

6.8 男士珠宝

男士珠宝，顾名思义就是专门为男士打造的珠宝。当男士越来越注重自身形象的时候，他们便不甘心于"朴素"的着装，开始佩戴适合自己的珠宝首饰，从而展示自我性格和提高自身品位。袖扣、领链是男士的专属，但近年来，男士在钻戒、胸针、耳饰方面的消费也开始增大。

6.8.1 青金石袖扣绘制

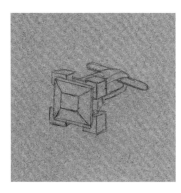

步骤 1 用铅笔完成青金石袖扣设计线稿。

步骤 2 用黑色加少许水，涂金属表面，暗部颜色略暗。用群青色根据光源填涂青金石。

步骤 3 用白色加少许水，提亮金属亮面。

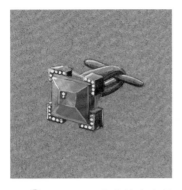

步骤④ 用POSCA高光笔点出钻石的台面和青金石高光。

步骤⑤ 用黑色加少许水画出阴影。

6.8.2　虎眼石领链绘制

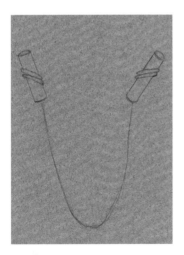

步骤① 用铅笔完成虎眼石领链设计线稿。

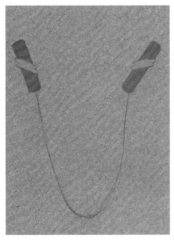

步骤② 用土黄色均匀地涂金属表面。调和熟褐色+土黄色涂于虎眼石轮廓内的区域。

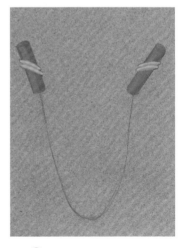

步骤③ 用第2步所调和的虎眼石颜色，再加少许熟褐色，涂金属暗部。

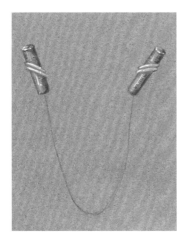

步骤④ 用白色加少许水，提亮宝石和金属的亮面。

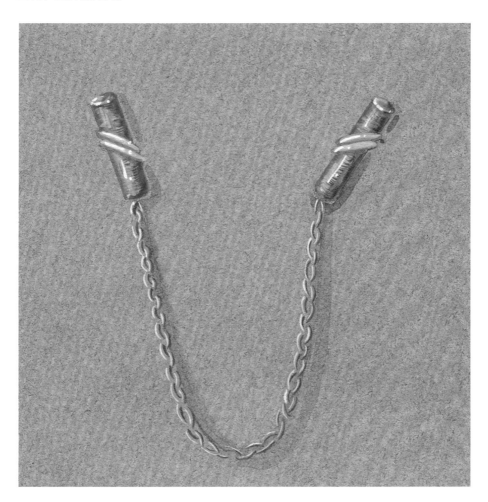

步骤⑤ 用黑色加少许水画出阴影，完成领链的绘制。

Chapter **07**

珠宝设计与
绘制方法

7.1 高级珠宝设计案例——《星空》宝石项链

7.1.1 高级珠宝设计定义

高级珠宝，狭义的理解为"价格高"，但具体价格高的原因是什么呢？

1. 设计和工艺

对高级珠宝而言，设计和工艺是非常重要的。设计是能够赋予珠宝灵魂的魔法，所以人们常见的高级珠宝不仅来自于各大顶级品牌，还有的来自于优秀的独立设计师的作品。

即使是顶级品牌，他们的高级珠宝也都是由世界知名的优秀设计师打造而成的。能够设计高级珠宝是对于一个设计师的肯定，更是非常难得的机会，所以他们会倾尽所有去创作，用几年的时间游走世界采风，参观各种艺术展、博物馆，翻阅各种资料库去收集灵感。

珍贵的东西从来都无法批量生产，高级珠宝制成的每一步都必须由经验丰富的工匠用纯手工打造。虽然计算机和机器早就在珠宝加工业中被大量使用，但作为金字塔顶端的高级珠宝，需要的是高超的手工艺。经验丰富的工匠们能够做出的，是机器永远无法给予高级珠宝的温度和水准。

2. 独一无二，不可复制

每一件高级珠宝都是不可复制的，很多品牌的高级珠宝在卖出之后，就不会再做一模一样的。这是对这件作品的收藏家的尊重，也是对作品价值的保障。

3. 顶级的宝石

既然是高级珠宝，艺术价值和物质价值都必须达到一定的高度。只有顶级的宝石才会拿来制作高级珠宝，平时我们觉得一颗"鸽血红""皇家蓝"都较为珍贵。然而，一件高级珠宝往往就能集中这些顶级宝石。

7.1.2 设计构思方法与灵感来源

（1）对客观物象深入了解和细微观察。

（2）丰富的想象力。

图片初印象：上页下图为星空延时摄影作品，星星拖出长长的尾巴，形成有节奏感的弧线。

结构：有节奏、有韵律的弧线。

色彩：蓝色天空像蓝宝石、青金石等；白色星星像钻石排镶。

根据初印象，把图片内容转换为自己理解的元素图。

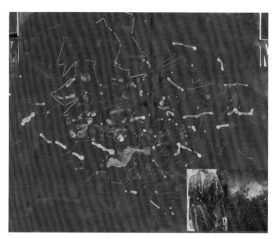
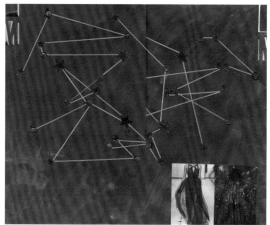

7.1.3　绘制草图

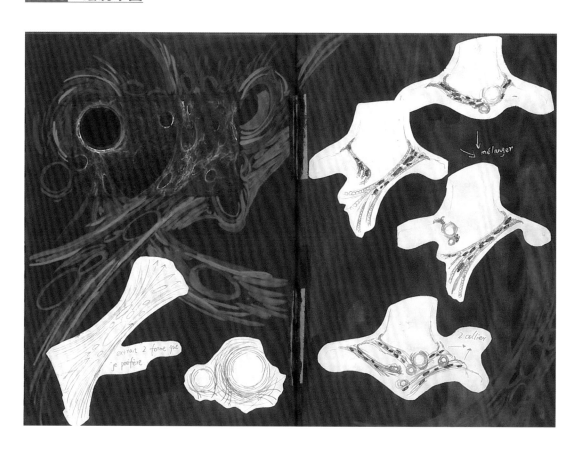

研究项链的构成形式，尝试各种形式的设计方向，进一步把设计元素提取出来，做设计延展，最终
确定终稿。

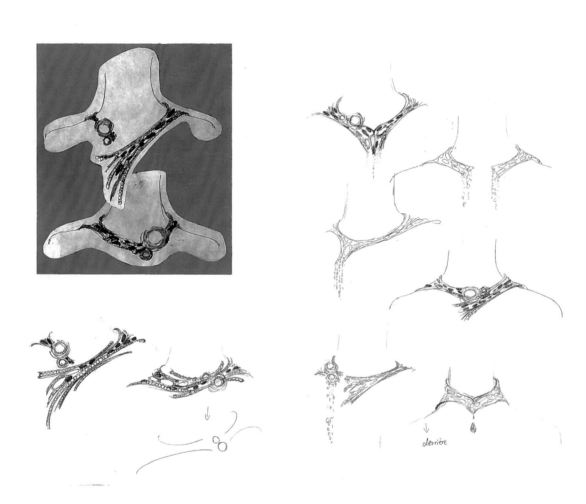

7.1.4 设计稿绘制过程

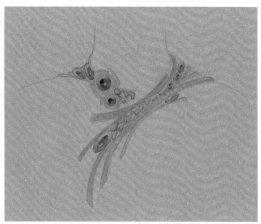

步骤 **1** 用铅笔完成项链设计线稿。

步骤 **2** 用群青色涂宝石暗部。用黑色加少许水涂金属暗部。

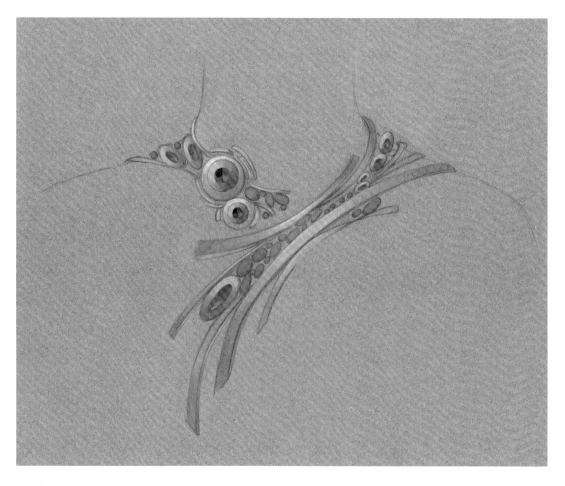

步骤 **3** 在第2步所调颜料中加入白色（少量），提亮宝石亮面及金属亮面。

步骤④ 用白色加少许水，勾画出一颗颗钻石的位置以及宝石刻面。

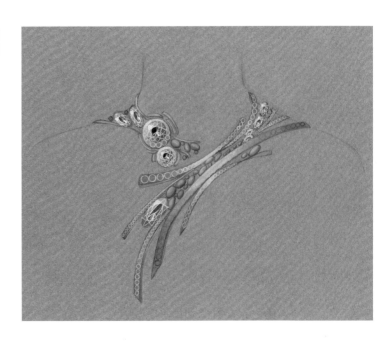

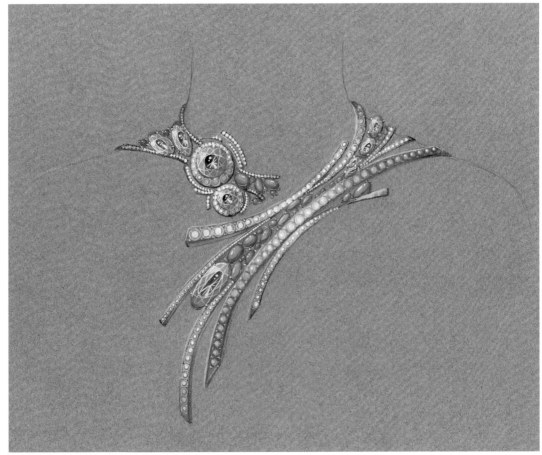

步骤⑤ 用POSCA高光笔点出钻石的台面高光，位于勾画的圆环内。注意：越朝光的位置，台面高光越大，暗面高光越小。用黑色签字笔点出钻石4个角爪的位置。

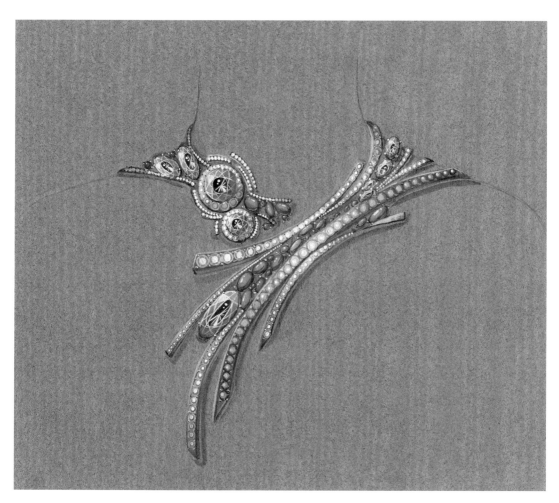

步骤 ⑥ 用黑色加少许水，画出阴影。

7.2 商业珠宝首饰设计案例——《众星捧月》宝石耳饰

7.2.1 商业珠宝设计定义

商业珠宝设计为消费者服务，在满足人们消费需求的同时，又规定并改变人们的消费行为和商品的销售模式，并以此为企业、品牌创造商业价值的都可以称为商业设计。

1. 设计和工艺

商业珠宝的设计模式化，但也符合当下市场与消费者的大众审美。可以说设计款式大多相似，没有太多的创新。工艺也为常见工艺，并且适合批量生产制造。

2. 批量生产

批量是指在一定时期内，一次出产的在质量、结构和制造方法上完全相同的产品（或零部件）数量。按每种产品每次投入生产的数量，珠宝设计分为大批量生产、中批量生产和小批量生产3种，少则几十件多则上万件。

批量生产的好处是提高产量、效率高，但缺点是千篇一律。

3. 常见的宝石

常见的宝石分贵重宝石和半宝石。贵重宝石主要有4种：钻石、红宝石、蓝宝石和祖母绿。而其余的宝石，如碧玺、水晶、玛瑙、石榴石、红玉髓等都属于半宝石。

7.2.2 设计构思方法与灵感来源

图片初印象：下图为鸡蛋打碎时的照片，感觉就像一颗颗钻石围绕在月亮周围（主石周围）。

结构：主体结构为半包围式，但包围的形态自然。

色彩：黄色像琥珀、黄水晶、黄色蓝宝石等。白色部分晶莹剔透，可看作水晶、钻石、白色蓝宝石等。

根据初印象，把图片内容转换为珠宝设计元素。

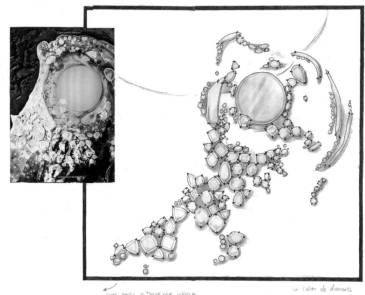

226

7.2.3 绘制草图

尝试各种方向的设计，进一步把设计元素提取出来，做设计延展。

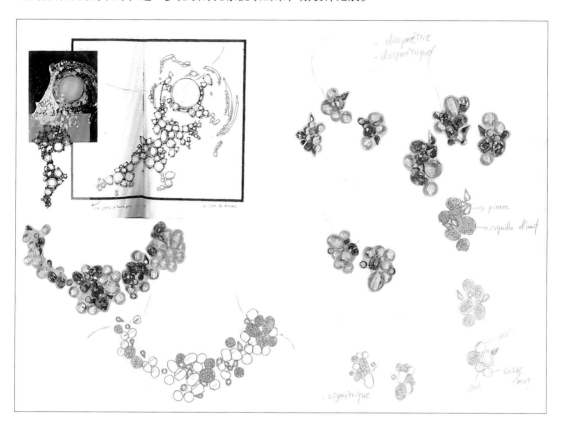

研究耳饰的构成形式，最终确定终稿。

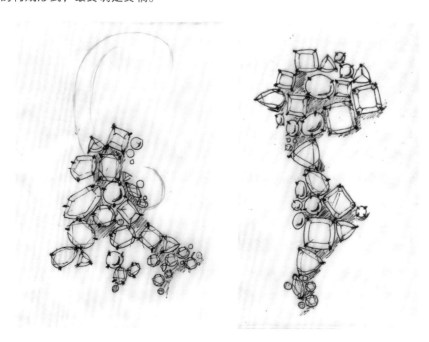

7.2.4 设计稿绘制过程

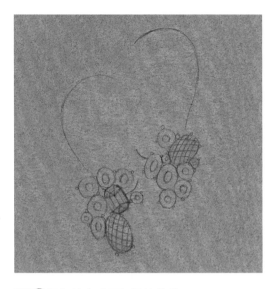

步骤 ① 用铅笔完成耳钉设计线稿。

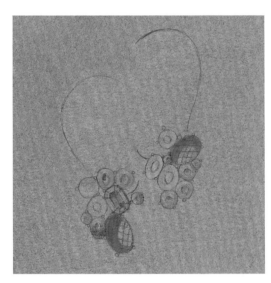

步骤 ② 用土黄色、柠檬黄色+白色涂宝石暗部。

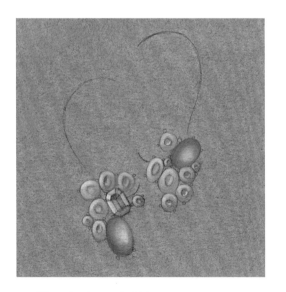

步骤 ③ 在第2步所调颜料中加入白色（少量），
提亮宝石亮面。

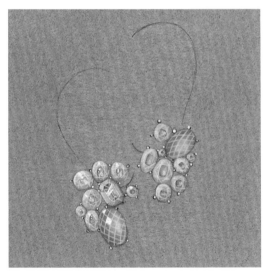

步骤 ④ 用白色勾画出宝石的刻面及镶嵌爪。

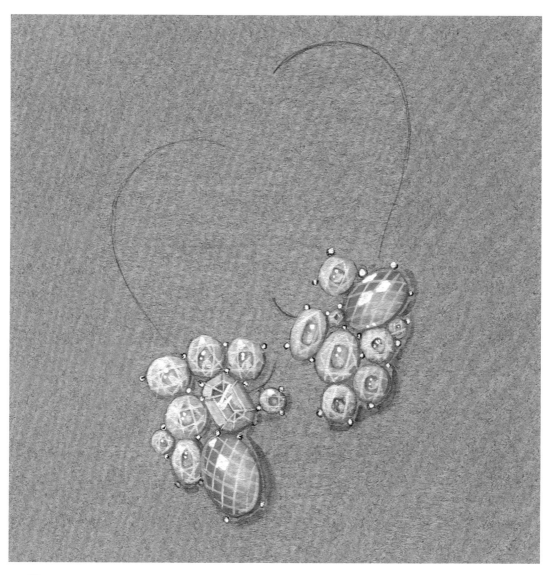

步骤⑤ 用POSCA高光笔点出钻石的台面高光，再用黑色加少许水画出阴影。

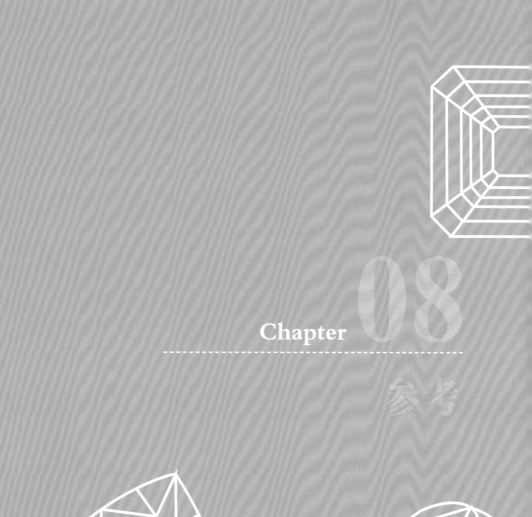

Chapter 08

参考

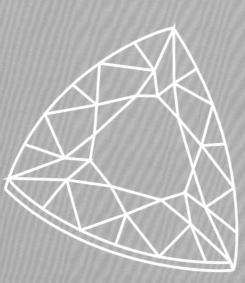

8.1 戒指指圈尺寸对照表

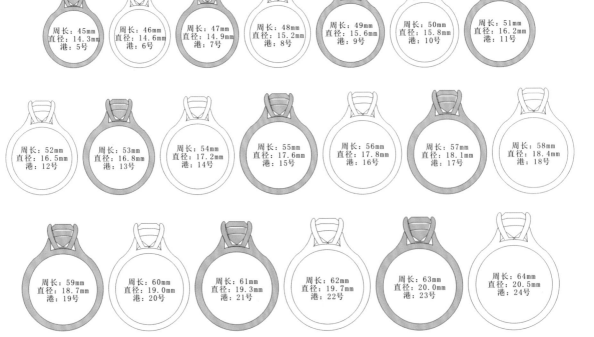

周长：45mm 直径：14.3mm 港：5号

周长：46mm 直径：14.6mm 港：6号

周长：47mm 直径：14.9mm 港：7号

周长：48mm 直径：15.2mm 港：8号

周长：49mm 直径：15.6mm 港：9号

周长：50mm 直径：15.8mm 港：10号

周长：51mm 直径：16.2mm 港：11号

周长：52mm 直径：16.5mm 港：12号

周长：53mm 直径：16.8mm 港：13号

周长：54mm 直径：17.2mm 港：14号

周长：55mm 直径：17.6mm 港：15号

周长：56mm 直径：17.8mm 港：16号

周长：57mm 直径：18.1mm 港：17号

周长：58mm 直径：18.4mm 港：18号

周长：59mm 直径：18.7mm 港：19号

周长：60mm 直径：19.0mm 港：20号

周长：61mm 直径：19.3mm 港：21号

周长：62mm 直径：19.7mm 港：22号

周长：63mm 直径：20.0mm 港：23号

周长：64mm 直径：20.5mm 港：24号

8.2 钻石切割尺寸对照表

规格	重量	规格	重量
0.8mm	0.003ct	3.8mm	0.2ct
0.9mm	0.004ct	3.9mm	0.23ct
1.0mm	0.005ct	4.0mm	0.25ct
1.1mm	0.006ct	4.1mm	0.26ct
1.15mm	0.007ct	4.2mm	0.27ct
1.2mm	0.008ct	4.3mm	0.3ct
1.25mm	0.009ct	4.4mm	0.32ct
1.3mm	0.01ct	4.4mm	0.35ct
1.35mm	0.012ct	4.46mm	0.38ct
1.4mm	0.014ct	4.8mm	0.4ct
1.5mm	0.015ct	5.0mm	0.47ct
1.55mm	0.016ct	5.2mm	0.5ct
1.6mm	0.018ct	5.3mm	0.55ct
1.7mm	0.02ct	5.4mm	0.6ct
1.8mm	0.025ct	5.5mm	0.63ct
1.9mm	0.03ct	5.6mm	0.65ct
2.0mm	0.035ct	5.7mm	0.70ct
2.1mm	0.04ct	5.8mm	0.75ct
2.2mm	0.045ct	5.9mm	0.78ct
2.3mm	0.05ct	6.0mm	0.80ct
2.4mm	0.06ct	6.2mm	0.85ct
2.5mm	0.065ct	6.4mm	0.90ct
2.6mm	0.07ct	6.5mm	1.00ct
2.7mm	0.08ct	7.0mm	1.25ct
2.8mm	0.085ct	7.4mm	1.50ct
2.9mm	0.010ct	7.6mm	1.60ct
3.0mm	0.011ct	7.8mm	1.75ct
3.1mm	0.012ct	8.0mm	1.90ct
3.2mm	0.013ct	8.2mm	2.0ct
3.3mm	0.014ct	8.8mm	2.5ct
3.4mm	0.015ct	9.4mm	3.0ct
3.5mm	0.016ct	10.0mm	3.5ct
3.6mm	0.018ct	10.4mm	4.0ct
3.7mm	0.019ct		

规格	重量
2.00mm	0.06ct
2.25mm	0.08ct
2.50mm	0.10ct
2.75mm	0.13ct
3.0mm	0.15ct
3.25mm	0.20ct
3.5mm	0.23ct
3.75mm	0.25ct
4.0mm	0.30ct
4.42mm	0.35ct
4.5mm	0.40ct
4.75mm	0.50ct
5.0mm	0.63ct
5.25mm	0.75ct
5.5mm	1.00ct
6.0mm	1.25ct
7.0mm	1.60ct
8.0mm	2.25ct

规格	重量
4mm×3mm	0.20ct
5mm×3mm	0.25ct
6mm×4mm	0.50ct
6.5mm×4.5mm	0.75ct
7mm×5mm	1.00ct
8mm×6mm	1.50ct
8.5mm×6.5mm	2.00ct
9mm×7mm	2.50ct
10mm×8mm	3.00ct
11mm×9mm	4.00ct
12mm×10mm	5.00ct

规格	重量
3.5mm×1.5mm	0.07ct
4mm×2mm	0.10ct
5mm×2mm	0.20ct
5mm×3mm	0.22ct
5.5mm×2.5mm	0.25ct
6mm×6mm	0.30ct
7mm×3mm	0.35ct
7mm×3.5mm	0.38ct
7mm×4mm	0.40ct
8mm×4mm	0.50ct
8.5mm×4.5mm	0.65ct
9mm×4mm	0.70ct
9mm×4.5mm	0.75ct
9mm×5mm	0.80ct
9.5mm×4.5mm	0.85ct
10mm×4.75mm	1.00ct
10mm×5mm	1.25ct
11mm×5mm	1.50ct
11mm×5.5mm	1.65ct
12mm×6mm	2.00ct
13mm×5.5mm	2.50ct
13mm×6mm	2.65ct
14mm×6.5mm	2.87ct
14mm×7mm	3.00ct
15mm×7mm	3.75ct
16mm×8mm	4.50ct
18mm×9mm	7.00ct
20mm×10mm	10.00ct

规格	重量
4mm×2mm	0.20ct
5mm×3mm	0.30ct
6mm×4mm	0.50ct
7mm×5mm	0.75ct
8mm×5mm	1.00ct
9mm×6mm	1.50ct
10mm×7mm	2.00ct
12mm×7mm	2.50ct
12mm×8mm	3.00ct
13mm×8mm	3.50ct
14mm×8mm	4.00ct
15mm×9mm	5.00ct

规格	重量
4mm×3mm	0.20ct
5mm×3mm	0.25ct
5mm×3.5mm	0.33ct
5mm×4mm	0.40ct
6mm×4mm	0.50ct
6.5mm×4.5mm	0.65ct
7mm×5mm	0.75ct
7.5mm×5.5mm	1.00ct
8mm×6mm	1.25ct
8.5mm×6.5mm	1.50ct
9mm×6mm	1.75ct
9mm×7mm	2.00ct
9.5mm×7.5mm	2.50ct
10mm×8mm	3.00ct
10mm×8.5mm	3.50ct
11mm×9mm	4.00ct
11mm×9.5mm	4.50ct
12mm×10mm	5.00ct

8.3 宝石莫氏硬度表

莫氏硬度	宝石
10	钻石
9	红宝石、蓝宝石
8～8.5	金绿宝石
8	尖晶石
8	托帕石
7.5～8	祖母绿(绿柱石)
7～8	石榴石
7～8	碧玺
7	水晶(石英)
6.5～7	橄榄石
6.5～7	翡翠(硬玉)
6～7.5	锆石
6～6.5	葡萄石
6～6.5	软玉
5～6	欧泊
5～6	玻璃
5～6	青金石
5～6	绿松石
5～6	辉石
4	萤石
3～4	珊瑚
2.5～4.5	珍珠
2～2.5	琥珀

8.4 生辰石

1月 石榴石	2月 紫水晶	3月 海蓝宝	4月 钻石

5月 祖母绿	6月 月光石 珍珠	7月 红宝石	8月 橄榄石

9月 蓝宝石	10月 碧玺	11月 托帕石	12月 绿松石 坦桑石

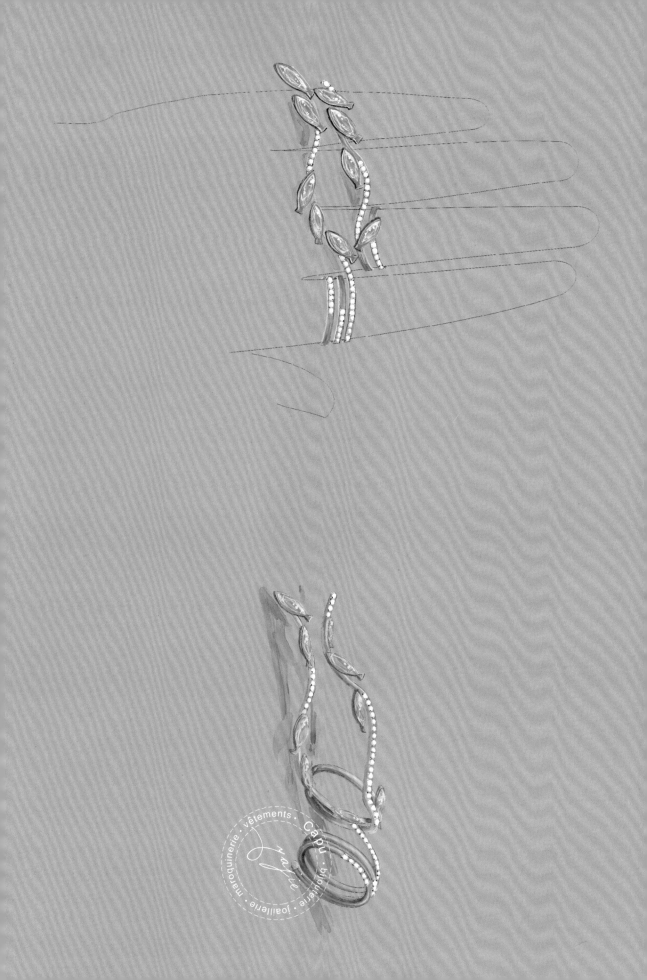

读 者 服 务

　　读者在阅读本书的过程中如果遇到问题，可以关注"有艺"公众号，通过公众号与我们取得联系。此外，通过关注"有艺"公众号，您还可以获取更多的新书资讯、书单推荐、优惠活动等相关信息。

　　资源下载方法：关注"有艺"公众号，在"有艺学堂"的"资源下载"中获取下载链接，如果遇到无法下载的情况，可以通过以下三种方式与我们取得联系。

　　1. 关注"有艺"公众号，通过"读者反馈"功能提交相关信息；

　　2. 请发邮件至 art@phei.com.cn，邮件标题命名方式：资源下载 + 书名；

　　3. 读者服务热线：（010）88254161~88254167 转 1897。

　　投稿、团购合作：请发邮件至 art@phei.com.cn。

扫一扫关注"有艺"